地震灾害风险评估与巨灾保险定价模型

主　编　李云仙
副主编　杨鑫梅　张玉莹
　　　　董珊江　周明浩

中国财经出版传媒集团
中国财政经济出版社
·北京·

图书在版编目（CIP）数据
地震灾害风险评估与巨灾保险定价模型 / 李云仙主编. -- 北京 : 中国财政经济出版社, 2025. 4. -- ISBN 978-7-5223-3896-5
Ⅰ. F842.64; P315.9
中国国家版本馆CIP数据核字第2025PT5918号

责任编辑：苏小珺　　责任校对：徐艳丽
封面设计：兰卡绘世　　责任印制：党　辉

地震灾害风险评估与巨灾保险定价模型

DIZHEN ZAIHAI FENGXIAN PINGGU YU JUZAI BAOXIAN DINGJIA MOXING

中国财政经济出版社 出版
URL: http: //www. cfeph. cn
E－mail: cfeph@ cfeph. cn

社址：北京市海淀区阜成路甲 28 号　邮政编码：100142
营销中心电话：010－88191522
天猫网店：中国财政经济出版社旗舰店
网址：https: //zgczjjcbs. tmall. com
涿州汇美亿浓印刷有限公司印刷　各地新华书店经销
成品尺寸：170mm×240mm　16 开　14.5 印张　200 000 字
2025 年 4 月第 1 版　2025 年 4 月河北第 1 次印刷
定价：78.00 元
ISBN 978－7－5223－3896－5
（图书出现印装问题，本社负责调换，电话：010－88190548）
本社质量投诉电话：010－88190744
打击盗版举报热线：010－88191661　QQ：2242791300

前　言

巨灾风险，包括自然灾害、公共安全、公共卫生等，一直是全球经济与社会安全的重大威胁和人类面临的严峻挑战。习近平总书记在中央政治局第十九次集体学习时强调，我国是世界上自然灾害最为严重的国家之一，灾害种类多，分布地域广，发生频率高，造成损失重，这是基本国情。同时，我国各类事故隐患和安全风险交织叠加、易发多发，影响公共安全的因素日益增多。加强应急管理体系和能力的现代化建设，既是一项紧迫任务，又是一项长期任务。作为市场化分散风险的主要手段，巨灾保险可以发挥巨灾风险管理的市场资源配置手段，改变传统举国体制以行政配置资源为主的单一模式，让市场在资源配置中起决定性作用，成为“新型举国体制”下巨灾风险管理的主要方式。

目前，我国已在十多个省市开展实践了巨灾保险，在防范化解巨灾风险事件中的积极作用得到了凸显。例如，2021 年大理漾濞发生 6.4 级地震，大理州政策性农房地震巨灾保险赔付 4000 万元；2022 年广东省内多发强对流天气及台风，形成强降雨暴雨灾害，巨灾保险共发生 35 宗报案，赔付金额为 2.47 亿元。然而，由于巨灾风险存在模糊性，即事件发生概率的不确定性（Ellsberg，1961），给保险公司经营巨灾保险带来了较大风险。对此，保险公司通常采取降低保障水平、提高保费或者减小覆盖范围等方式进行承保，使巨灾保险无法充分发挥其市场配置以及风险保障功能。随着我国城镇化和工业化的持续推进，灾害链日趋复杂，各类承灾体集中度、暴露度和脆弱性不断增加，灾害风险的系统性和复杂性持续加剧，巨灾风险的模糊性更为突出，这也进一步加剧了巨灾保险实践的难度。

从国际巨灾保险实践来看，巨灾保险制度建设面临以下五大难题：模式选择、偿付能力、基金归集、赔偿程度和定价机制（王和和王季薇，2014）。从我国巨灾保险的实践运行情况来看，主要存在以下三个问题：第一，巨灾保险模式问题。我国当前已经构建了“政府主导、市场协作”的巨灾保险模式，这也是适合我国国情的理性选择。然而在这种模式中，政府和市场的合理定位成为一个较大的问题。政府与市场的定位不合理容易导致政府失灵或者市场需求风险问题，如云南省大理州、普洱市开展的地震巨灾保险完全属于政策性保险，保费全部由政府承担，不存在市场需求风险，但政府财政压力过大，容易造成政府失灵问题；临沧自然灾害综合险保费由县政府和农户共同承担，其中，农户需要缴纳保费的91.67%，投保率明显过低，市场需求风险较大。第二，偿付程度问题。当前各地的巨灾保险试点大多数还处于任务式驱动以及简单推动，偿付能力使保险公司在开展巨灾保险时把赔偿标准限制在一个较低的水平，导致灾害发生时保险发挥的作用极为有限。例如，云南省大理州农房地震保险按震级确定赔付标准，最高赔付标准为：发生7级以上地震，赔付1.68亿元。实际上，一旦7级以上地震发生可能造成上百亿的财产损失，当前的保险赔付与实际损失相比还处于较低水平。第三，巨灾保险定价问题。巨灾保险的合理定价是保障巨灾保险持续、稳定运行的关键，而保险定价依赖于历史索赔数据和巨灾损失模型，缺乏充足的历史索赔数据以及科学合理的巨灾损失模型将会导致定价的不准确。然而，由于巨灾发生概率小，损失数据少，而我国巨灾保险试点较晚，导致历史索赔数据较为缺乏；除此之外，巨灾损失模型的科学性对于巨灾风险评估十分关键，我国已经开发了多个巨灾模型。例如，洪水巨灾模型和地震巨灾模型，但巨灾风险的模糊性使模型的科学性、准确性有待进一步检验。

综合梳理以上问题可以发现：巨灾保险是“新型举国体制”下巨灾风险管理的主要方式，建立健全巨灾保险制度，解决巨灾风险管理以及巨灾保险相关问题的关键在于探索合理的模型与方法，对巨灾损失进行分析，对巨灾风险进行评估。在此基础上，合理设计巨灾保险模式以及合理的偿付标准，并进行准确定价，可以有效保证保险公司的偿付能力和稳健运行。

根据巨灾风险评估与巨灾保险定价的关键问题，本书探讨了巨灾损失程度统计模型与方法、巨灾损失频率统计模型与方法，以及巨灾保险、巨灾债券定价方法，为健全完善我国地震巨灾风险管理以及地震巨灾保险制度提供理论支撑，助力我国应急管理体系与能力的现代化建设。本书包括以下九章内容：第一章为概论，该章介绍了研究背景，梳理了围绕巨灾风险与巨灾风险管理的相关研究现状，并介绍了本书主要内容；第二章为巨灾风险管理与可保性；第三章为地震巨灾风险与地震巨灾保险；第四章为地震灾害频率统计模型，探讨了贝叶斯统计方法在地震灾害频次分析中的应用；第五章为地震灾害人员伤亡统计模型，本章建立了计数数据的贝叶斯分位数回归模型，并用于分析地震灾害人员伤亡数据；第六章为地震灾害经济损失统计模型，探讨了地震灾害经济损失的混合模型及贝叶斯估计方法，并用于分析我国地震灾害经济损失情况；第七章为贝叶斯空间分位数回归模型与地震指数保险，并基于该模型对云南地震指数保险进行定价；第八章为地震巨灾保险定价，主要探讨了地震巨灾保险保费厘定方法，并基于 VaR 法对云南省地震巨灾保费规模进行测算；第九章为其他金融工具：巨灾风险衍生品，介绍了多种巨灾风险衍生品，并以云南省为例进行地震巨灾债券的设计及定价。

作者

2025 年 2 月

目　录

第一章　概论

第一节　研究背景

地震灾害给社会经济带来了极为巨大的破坏，对人民的生命财产安全以及社会的稳定繁荣构成了严重威胁。我国地处地震活动频繁的区域，大约70%的国土面积处于地震高风险地带，地震灾害发生频率颇高且损失程度巨大。我国主要有青藏高原地震带、天山地震带、华北地震带以及南北地震带，在这些地区，地震活动频繁，震级也相对较高。值得注意的是，在全球破坏性最严重的10次地震中，中国占据了3次，近20年来，地震灾害对我国的影响尤为显著，特别是2008年的汶川地震和2010年的玉树地震，均造成了巨大的损失。在2023年，我国共发生5级以上地震18次，包括四川省6.5级地震和云南省5.8级地震等重大事件，受灾人数达到约730万人次，因灾死亡失踪189人，紧急转移安置47.2万人次，倒塌房屋1.9万间，不同程度损坏18.4万间，农作物受灾面积3025.6千公顷，直接经济损失达652.7亿元。地震灾害治理是国家治理体系和能力建设的关键部分，负责防范和化解重大风险、迅速应对和处理各类地震灾害风险，旨在保护人民群众的生命财产安全并维护社会稳定。

地震保险可以通过其风险分散机制与经济补偿手段，有效缓解灾后重建压力，促进社会经济稳定与可持续发展，我国政府积极推动地震保险的发展。2008年5月的汶川地震是新中国成立后破坏性最强、涉及范围最广、救灾难度最大的一次地震，因受灾区投保很少，保险赔付仅占总经济损失的0.21%，自此之后，加快建立地震巨灾保险制度刻不容缓。随后，党的十八届三中全会明确提出“完善保险经济补偿机制，建立巨灾保险制度”，2014年8月国务院颁布了《关于加快发展现代保险服务业的若干意见》（又称“新国十条”）提出“以制度建设为基础，以商业保险为平台，以多层次风险分担为保障，建立巨灾保险制度。”同时，“研究建立巨灾保险基金、巨灾再保险等制度，逐步形成财政支持下的多层次巨灾风险分散机制。”明确了巨灾保险制度建立的目标与方向，为我国开展地震巨灾保险试点工作提供了政策基础。2015年4月，中国城乡居民住宅地震巨灾保险共同体在北京正式成立，标志着我国巨灾保险制度建设迈出坚实的一步。2016年5月，《建立城乡居民住宅地震巨灾保险制度实施方案》（简称《方案》）的出台是我国建立地震巨灾保险制度的重要突破，《方案》以农房为保障对象、以地震为基点给我国巨灾保险制度提供了关键一招。同年7月，中国城乡居民住宅地震巨灾保险产品正式全面销售，标志着我国城乡居民住宅地震巨灾保险制度正式落地。

2019年，党的十九届四中全会审议通过《中共中央关于坚持和完善中国特色社会主义制度、推进国家治理体系和治理能力现代化若干重大问题的决定》，决定明确指出，在解决国计民生的重大项目中，应充分发挥“新型举国体制”的作用。王和（2020）指出其核心在于对“传统举国体制”的继承与发展，在我国灾害治理领域，旨在增强社会的抗风险能力，推动保险市场的健康发展，形成政府、市场和社会多层次、多元化的新型举国体制下地震风险管理模式。2021年，国家“十四五”发展规划进一步指出，将把发展巨灾保险作为今后的重点工作任务之一，更加明确了我国地震巨灾保险制度的重要性。2022年9月，中央全面深化改革委员会第二十七次会议审议通过《关于健全社会主义市场经济条件下关键核心技术攻关新型举国体制的意见》中明确了“新型举国体制”的内涵，强调健全关键核心技术攻关新型举国体制，要把政府、市场、社会有机结合起来，科学统筹、集中力量、优化机制、协同攻关，旨在以国家发展与安全为核心理念，在推进国家重大科技项目时，实现资源的统一调配与高效利用。

2024 年 2 月，国家金融监督管理总局和财政部共同印发了《关于扩大城乡居民住宅巨灾保险保障范围进一步完善巨灾保险制度的通知》，扩大了保险责任范围的同时提升了保险金额，有利于我国地震巨灾保险制度的高质量发展，为进一步满足广大人民群众的需求，提升民生保障能力产生了积极影响，符合我国坚持以人民为中心的发展思想，推进我国巨灾保险的不断优化发展。

目前，我国已在十多个省市开展实践了巨灾保险，主要涵盖政策性地震巨灾保险和将地震巨灾责任作为附加险的商业性巨灾保险。在具体实践运行中，我国地震巨灾保险主要还存在以下三个问题：一是巨灾保险模式问题。我国目前已经构建了“政府主导、市场协作”的巨灾模式，但是从具体的实践中呈现出以政府为主体，以财政为支撑的情况来看，市场的参与度不高，市场的分摊机制很大程度上保障的是灾后重建和恢复生产生活秩序方面，还未在灾前、灾中起到托举作用，导致政府依然存在“大包大揽”的情况，在推进我国治理体系和能力现代化的进程中，公共资源趋紧，需要充分调动和利用社会和市场的积极性，在政府主导、引导和协调的作用下，实现巨灾风险治理的社会总效率最优。

二是偿付能力难题。当前的地震保险基金主要包含政府拨款、保费计提和社会捐赠等部分，其中将财政资源作为主要资金来源，导致各地财政压力过大。同时目前各地的试点中，依赖将难题交于保险行业，而保险行业更强调自身和简单的风险管控，乃至满足偿付能力监管等因素，采用限额管理模式，加之政府部门在专业能力上处于劣势，导致巨灾保险制度无法有效运行，加大了地方政府的负担。

三是地震巨灾保险定价的问题。定价问题是地震保险制度构建中的核心难题之一。地震损失具有低频率高损失的特征，难以准确预测其损失频率和损失程度，使费率的设定更加困难。当前，地震保险的定价主要依据历史地震资料、地质结构解析及尖端的灾害模拟技术，然而，这些方法均具有一定的限制，难以充分且精确地捕捉到地震风险的实际情况。并且由于地震数据存在可得性弱、数据质量较低、更新频次较慢的情况，我国还未建立完备的地震巨灾风险数据库，制约了巨灾风险模型的开发和产品合理定价。而国际上现有的巨灾风险模型在模拟我国自然灾害损失时依然存在数据可用性不足等问题，无法准确对我国地震灾害损失进行预测，中再巨灾风险管理股份有限公司研发出的地震巨灾风险模型虽然适合我国实际情况，但在预测精度方面仍有可提升空间。

基于上述问题，优化我国传统举国救灾体系，构建在新型举国体制下的巨灾保险制度，并完善多层次、多保障的地震风险管理体系，已成为我国应对自然灾害挑战、提升社会韧性、保障人民生命财产安全的重要战略议题。

因此，聚焦于巨灾风险评估与巨灾保险定价这一复杂而关键的领域，本书展开了全面而深入的探讨。具体而言，本书首先系统分析了巨灾损失程度的统计模型与方法，通过构建科学合理的损失评估框架，不仅提高了对地震等巨灾事件潜在危害性的认知精度，也为后续的保险产品设计提供了翔实的数据支撑。其次，本书详细阐述了巨灾损失频率的统计模型与方法，通过对历史灾害数据的深入挖掘与统计分析，揭示了巨灾事件发生的概率分布特征，为风险评估与预警系统的建立奠定了坚实基础。在此基础上，本书进一步探讨了巨灾保险与巨灾债券的定价策略，这是连接风险管理与金融市场的重要桥梁。通过对保险风险的精确量化与债券收益的合理预估，本书不仅为保险公司提供了科学的定价依据，也为投资者开辟了新的资产配置渠道，有效促进了巨灾风险的分散与转移，旨在为健全和完善我国地震巨灾风险管理体系及地震巨灾保险制度提供坚实的理论支撑，为推动我国巨灾保险市场的健康发展提供了有益的参考和借鉴。

第二节 研究综述

我国是世界上地震巨灾风险较高的国家之一。从 2011 年到 2024 年 5 月，中国 5 级以上地震共发生 497 次，为健全完善地震巨灾风险管理方案，我国于 2014 年开始在多个省份进行了巨灾保险的试点。本书基于我国历史地震灾害损失数据以及我国地震巨灾保险实践情况，运用所提出的模型和方法对我国地震巨灾风险进行分散风险，主要研究内容包括：一是通过地震灾害风险管理，实现对灾害风险的监控和分析。一方面，找出适合我国的地震风险分散机制；另一方面，对历史所提出的地震巨灾保险方案，形成最终的地震巨灾保险方案，完善我国地震巨灾保险制度。二是运用损失程度模型以及模型评估方法对我国地震巨灾风险进行评估。一方面，通过结合我国地震灾害损失历史数据，构建地震灾害损失程度模型，研究地震巨灾损失的评估方法；另一方面，运用地震结果人口伤亡评估方法，进而估计中国地震灾害损失的不同风险度量值。三是在地震风险评估的基础上，提出合适的地震巨灾保险方案，并对其进行定价。一方面，根据风险评估的基础提出适合我国实际的地震巨灾保险方案，包括保险模式、赔偿标准以及保费筹集模式等；另一方面，建立地震保险基金，测算出防范我国地震的基金规模。四是运用地震巨灾债券分散风险，根据评估结果对债券进行合理定价。一方面，探索如何将巨灾保险的债券化运用到地震巨灾中；另一方面，运用模型对地震巨灾债券进行合理定价。

一、地震灾害风险管理研究综述

王浩和闫超（2013）发现日本、美国加州的地震灾害保险采用商业运作、政府协作的模式，新西兰的地震灾害保险采用政府主导、强制实施的模式，我国台湾地区的地震灾害保险采用政府与市场合作的模式。而薛梅（2009）认为我国地震巨灾风险管理应该放在公共管理的框架内构建，政府应将地震保险作为一项社会保障列为政策性保障措施，建立地震保险的保障基金，并对其进行系统的科学管理。刘蔚（2014）提出适合我国的公私合营、政府与市场共担风险的地震保险基金模式。吴伟达和江利杰（2021）坚持政府介入市场的适度性原则。李天顺（2023）指出发挥好政府主导作用，多主体协同共治。王稳和张运智（2015）提出“构建多层次巨灾风险分散机制”应充分考虑政府与市场的平衡关系。陈勇和刘旸（2010）从管理制度、技术和风险管理三个层面深入研究我国再保险体系在巨灾风险管理中的作用，以期得出新的建议或改善措施。段胜（2012）

从统计指数到实际应用，设计出一套较为系统的地震应急能力指数，提高地震的预测与监控水平。孙艳萍等（2024）构建省、市、县三级地震灾害防御服务平台，实现三级数据互联互通和风险普查成果的统一汇聚与服务。黎益仕等（2021）建立震害防御业务体系，包括23项基本业务及121个组成元素，为震害防御提供参考。毋志强和姚新强（2024）将卫星遥感、无人机拍摄和地面观测集成起来，构建了“空—天—地”一体化的监测体系，实现地震灾害全方位动态监测。李昕（2011）认为中国非寿险保险市场针对个体投保者的保险品种和保险深度远远落后于发达国家，中国的地震保险巨灾保障体系的覆盖面还有待拓宽。卓志和吴婷（2011）提出了我国政府与市场相结合的地震巨灾保险制度模式及其适合性。姚新强等（2022）以地震灾害风险防治的问题导向、需求导向和目标导向，提出建立以地震灾害风险调查、评估、治理、服务为主线的地震灾害风险防治业务体系。杨天一（2017）通过巨灾保险制度的顶层设计明确中国特色巨灾保险制度的路径选择。洪丹（2012）认为突出现行的地震巨灾政府补偿机制已不能满足日益严重的地震巨灾损失补偿。李垠等（2024）以地震为致灾因子，采用模糊集合理论和判断矩阵法，建立地震影响的风险评估的数学模型。

二、地震灾害损失评估研究综述

近年来，基于平台和数据多用椭圆曲线和分布函数评估地震的损失，田玲和姚鹏（2013）基于复合泊松分布与复合负二项分布的随机模拟方法对地震风险模拟，绘制出地震风险损失的超越概率曲线，得到最后在泊松分布下，个人与保险人可以承担70%的风险损失，政府只需承担30%的风险损失；在负二项分布下，政府需要承担绝大多数风险损失（65%）的结果。Hoyos和Silva（2024）提出的模型应用于地震情景下的经济损失放大或概率地震风险评估。缪佳伟（2024）结合云南省地震数据设计出一款地震指数保险，并基于蒙特卡洛模拟实现保险产品费率的厘定，运用回归树将震级分箱，满足了地震指数保险实务中的离散化赔付的需求。王晨晖等

（2024）为提高地震经济损失预测的准确性和有效性，提出了基于天牛须算法（beetle antennae search，BAS）优化极限学习机（extreme learning machine，ELM）的地震经济损失预测模型。陈晓伟（2023）基于 Copula 函数对地震的直接经济损失与人员伤亡数据的相依性进行研究，从而找出符合我国地震灾害损失情况的分布函数。徐国栋等（2023）考虑直接经济损失相对值、死亡人数、受伤人数三个损失指标，以椭球面为灾度等值面，构建了三维灾度计算模型，计算地震的损失。刘金平（2024）分别在这两种情况下采取 Spearman 相关性分析、RFE、Lasso 特征选择算法寻找模型最优特征子集，采用决策树、随机森林、XGBoost 机器学习回归树模型构建了九种评估模型进行数据的训练与测试，利用格网搜索与随机搜索相结合的方式寻找模型超参数最优组合，优化后实现震后经济损失快速评估。徐国栋等（2022）采用椭圆方程作为相邻灾害等级之间的分界线，给出相应参数以确定分界线方程表达式，在此基础上给出合理的地震灾度模型计算公式。韩建平和褚小嘉（2016）根据建筑物不同损伤状态的易损性曲线，在此基础上进行了地震直接经济损失分析。同时进行了数据整合，运用平台，实现对地震风险损失的评估。付泽钰和翟国方（2020）引入遥感影像图反演建筑易损性方法，基于数据，构建城市地震风险精准快速评估指标体系。王小东等（2021）采用云计算平台的弹性伸缩计算技术，实现动态按需分配，同时构建多租户的高性能地震保险损失评估 SaaS 云平台。闫泽正等（2024）通过网络灾情数据的可信度和模糊性度量，对冲突数据进行修正，构建了基于网络灾情数据融合的建筑物倒塌快速评估模型。当前常用的理论分布为 Lognormal（对数正态）、Gamma 和 Weibull 分布。例如，孙伟和牛津津（2008）以及周贺君和金燕生（2009）基于 Lognormal 分布分别对我国 1978—2006 年和 1969—2004 年的地震灾害事造成的直接损失进行拟合分析。李永和刘鹃（2010）基于 Gamma 分布对台风造成的经济损失进行拟合分析。田玲和姚鹏（2013）分别应用 Gamma、Lognormal 和 Weibull 三种分布对地震损失进行拟合，并通过检验选择最优的分布。这三类理论分布在分析一般的损失数据时具有有效性，但巨灾风险损失具有严重的厚尾性，用这三类分布对巨灾损失进行分析时尾部拟合效果会有所降低。为了解决这一问题，许多学者探索运用极值理论（EVT）分析巨灾损失，并得到了令人满意的结果。EVT 最早是由 Fisher 和 Tippet（1928）提出的，之后被广泛应用于分析金融、保险等相关领域的极值问题（Coles et al.，2001；Smith，2003；Bali，2003；欧阳资生，2006；周小红，2006；王新军，2002；解强，2008）。极值理论是一种尾部建模的方法，主要分为两类：分块极值方法（Block Maxima，BM）和超越阈值方法（Peak Over Threshold，POT）。BM 方法提供了一种估计极大值的方法，即如果标准化后的样本极大值具有非退化渐近分布，则该渐近分布为广义极值（Generalized Extreme Value，GEV）分布。BM 方法可用于分析极值的理论分布，但在实际应用中该方法仅考虑样本数据中的极大值点，这就导致了信息的浪费。邹新等（2023）结合损伤指数加权计算法和构件损伤状态的地震损失计算法，提出一种基于 BIM 的结构地震损伤性能评估方法。为了解决这一问题，Pickand（1975）以及 Balkema 和 De Haan（1974）等提出了一个更为有效的模型——POT 模型。该模型主要考虑尾部的渐近分布，即超过阈值的分布为广义帕累托分布（GPD）。由于该方法涉及阈值，因此传统的估计方法分两步，首先根据图形选择阈值，包括 EM 图和 Hill 图。得出阈值后再对广义帕累托分布中的参数进行估计。POT 模型用起来较为简单方便，因而被广泛用于分析巨灾损失。例如，林文昌和赖怡洵（2003）应用极值理论中的 POT 模型对我国台湾地区自然灾害时间损失数据的尾部进行拟合。欧阳资生（2008）运用 POT 模型对巨额损失的极值风险度量进行了讨论。邵腾伟和冉光和（2011）运用 POT - GDP 损失分布对农业大灾损失。卓志和王伟哲（2011）分析了 POT 模型在拟合厚尾风险的优势，并运用 POT 模型和 GDP 分布对我国地震灾害损失数据进行拟合。肖海清和孟生旺（2013）应用极值理论，基于分层定价的方法，研究分析了不同起赔点下再保险的超额损失。郝军章和崔玉杰（2016）以 1961—2011 年我国 4.5 级以上地震直接经济损失为样本，基于 POT 模型和 GDP 分布对损失数据进行拟合，并对不同置信水平下的 VaR 值进行了计算，进而分析计算了地震保险的价格。李云仙等（2017）提出混合模型对我国地震灾害损失进行了评估。庙成等（2023）基于中国大陆地区地震灾害经济损失数据，利用 F－D 曲线法（Frequency－Damage curve），建立不同震级（MS＜5.0、MS5.0—5.9、MS6.0—6.9 和 MS≥7.0）和不同灾情等级（微灾、小灾、中灾、大灾和巨灾）的地震灾害经济可接受风险曲线，讨论可接受的风险等级，为我国地震灾害经济风险的防范提供相关的理论和实践支撑。

三、地震灾害人员伤亡评估研究综述

目前较为常用的人员伤亡评估方法和模型包括线性回归模型（LM）和广义线性回归模型（GLM）。例如，Badal et al.（2005）和 Gutierrez et al.（2005）通过取对数将地震灾害死亡人数变成连续型数据，然后应用 LR 模型分析地震死亡人数与其他因素的相关性，如地震震级等。杨雅明等（2023）将非对称拉普拉斯分布与单变量分位数回归模型之间的联系，建立震级与死亡人数和直接经济损失的联合分位数回归模型。赵煜等（2024）按地震最大烈度采用随机森林方法和自助采样法，根据每个特征的重要性排序选取震级、震区面积和人口密度三参数，建立粒子群优化极限学习机（PSO－ELM）地震人员死亡评估模型。Turkan 和 Özel（2014）没有直接分析死亡人数，而是分析了土耳其的地震事故造成的死亡率。李伟等（2024）进行人口伤亡预测，融合多源数据构建震灾人口伤亡时空演化模型，将积石山震例参数作为模型的输入因子。他们考虑了不同的模型，包括线性回归模型、β 回归模型、半参数 β 回归模型和半参数可加模型。与 LM 回归相比，GLM 更灵活，因为它允许响应变量来自指数分布族，而不仅限于正态分布。它可以直接用于分析计数数据，如泊松回归模型或二项式回归模型。李洪兵等（2024）采用麻雀搜索算法（SSA）优化 BP 神经网络，构建 SSA－BP 神经网络模型对地震伤亡人数进行预测。为了处理计数数据中的多零现象，很多学者提出了零膨胀分布（ZID）模型。ZID 模型是 GLM 的扩展，通过引入了一个额外的概率参数捕获不能被假设的分布或模型充分估计的多零概率。由于其灵活性，ZID 模型已被广泛用于分析计数数据的各种实际问题，如医疗问题（Bohning，1998；Cheung，2002）、体育问题（Karlis 和 Ntzoufras，2003；2006）和保险索赔数据（Boucher et al.，2009；Yip 和 Yau，2005）。最近也应用于分析伤亡风险，如 Czajkowski et al.（2011）应用 ZIP 模拟 1970—2007 年飓风死亡人数；Beckett et al.（2014）考虑了零膨胀泊松（ZIP）分布的参数估计，并用它模拟一些自然灾害的数据。孟生旺和李政宵（2018）用右截断负二项分布和右截断广义帕累托分布拟合死亡人数；用齐次泊松过程描述地震灾害在给定期间的发生次数；用 Panjer 迭代法和快速傅里叶变换计算地震死亡人数在特定时期的分布以及风险度量值；用蒙特卡罗模拟法测算我国地震死亡保险基金的规模和纯保费水平。为地震发生后更好地确定受伤人数，李莎莎和翟国方（2018）分析了地震灾害潜伏期、突发期、蔓延期和恢复期四个阶段震区民众对震情信息获取的偏好，提出了以信息偏离度概念评估信息发布效率的模式。吕薇等（2024）总结了现有的应急灾害情境下人群心理与行为分析及疏散管理、灾震后人口分布方面的成果，展望了我国地震灾害影响下人群移动研究的发展。

四、巨灾保险定价研究综述

在巨灾保险费率厘定方面，国外的研究比较早，如 Harrington 和 Niehaus（2003）提出应用均衡定价方法，并研究了税收对巨灾保险价格的影响，他们认为公司税的高低是影响巨灾保险附加保费的主要因素。Grace et al.（2004）研究了美国住房附加巨灾保险市场，认为巨灾保险需求对价格相较于其他保险更加敏感。Zanjani（2002）采用多元线性模型并基于市场的定价方法对美国巨灾保险进行了定价研究。Cummins et al.（1999）采用精算方法在假定一定的免赔额与赔偿限额条件下对美国巨灾再保险进行了定价研究。Dassions 和 Jang（2003）采用 COX 过程模拟巨灾事件的发生，对巨灾再保险进行了定价研究。Zhang et al.（2023）为地震巨灾保险公司在费率厘定中选择空间尺度和暴露分布的详细程度提供了参考。总体上来讲，国外学者关于巨灾保险定价的研究主要采用均衡定价法和无套利定价法。国内也有很多学者对巨灾保险定价进行过研究，如李冰清（2002）、杨凯等（2005）以及于陶等（2012）等采用传统保险定价方法对巨灾保险进行定价。龚日朝等（2011）采用期望效用原理对巨灾保险进行定价。周延（2011）采用非参数方法测算出我国农业保险价格。田玲和姚鹏（2013）采用 VaR 方法对巨灾保险进行定价，该方法与传统的精算方法和金融方法相比更能突出巨灾的“小概率、大损失”特性。郝军章和翟嘉（2020）得出在偏 t 分布的基础上，按照不同置信度水平下不同的 CVaR 值，计算出不同的地震保费规模与地震保险的价格。郑山锁等（2016）采用基于地震危险性、建筑结构易损性及结构损失的地震工程学方法进行地震保险费率厘定。于汐等（2015）采用平衡法和成本收益模型法分别研究地震保险费率定价。王翔等（2015）采用 VaR 法对云南省不同风险区域的农房地震保险费率进行厘定，研究农房地震保险的价格。基于 VaR 定价时置信度对费率的影响，置信度设置越低保费越低；反之，置信度设置越高，保费越高。康晗彬和邢天才（2014）引入资产—负债—利率动态模型，根据我国地震、洪水损失分布，采用蒙特卡罗方法对我国巨灾再保险偿付规模与公平定价费率的敏感性进行了研究，得到更适合的巨灾保险定价。还有很多学者根据历史数据计算出地震巨灾基金的规模，如李政宵等（2022）建立复杂数据结构下的多维地震风险模型，在不同期限结构和不同偿付水平下，运用蒙特卡洛模拟算法测算了我国地震保险基金的风险规模和保费水平。田玲等（2016）以 CVaR 为风险度量指标进行地震巨灾基金规模的测算，以 VaR 与 CVaR 作为风险分层指标设置巨灾基金规模。刘蔚（2014）提出我国适宜建立公私合营、政府与市场共担风险的地震保险基金模式。田玲和姚鹏（2013）采用在险价值（VaR）方法，对我国的地震保险基金规模进行测度。

五、巨灾债券研究综述

巨灾债券是巨灾风险证券化的一个主要形式，且是当前运行机制较为完善的一个金融工具。苌欣和蒋存旭（2022）提出巨灾债券发起人应重视巨灾债券在各类大型流行病（如流行性感冒病毒 H1N1、禽流感病毒 H7N9、非典型肺炎 SARS 以及新冠疫情等）、蝗灾等，在社会的灾害中发挥巨大作用。李长云（2010）研究对比国外保险风险证券化的路径选择，他认为虽然我国目前还尚未涉足巨灾债券的领域，在短期内无法引入地震巨灾债券，但是我国已经具备了探讨巨灾债券发行实施细则的可行性。廖梦语（2013）将地震巨灾债券作为保险风险债券化产品研究的突破口，研究了巨灾债券运行模式和参与主体。展凯和刘苏珊（2019）利用 Gumbel - Copula 函数拟合联合分布，探究基于均衡定价理论和 CIR 利率模型得到台风巨灾债券的价格，是否可以运用于地震巨灾债券价格的定价。在定价方面，刘洋和朱衡（2022）通过均衡定价理论与 g - h 分布相结合建立地震巨灾债券定价模型。刘昕龙等（2017）构造共保体的巨灾指数保险、巨灾债券和巨灾保险基金的风险过程模型。陈惠民等（2020）基于 Logit 风险度量构建新的定价因子，采用基于进化树的分箱策略构建广义线性模型，对巨灾债券定价和产品推广。杨帆和周明（2016）使用极值理论得到拟合分布，通过二元 t - Copula 函数获得联合分布。同时以 CIR 随机利率模型作为利率期限结构，利用基于 Halton 序列的拟蒙特卡洛法得到不同期限混合触发型巨灾债券的价格。国外学者 Anggraeni et al.（2022）地震巨灾债券定价模型（ECBPMs）采用极值理论（EVT）来预测巨灾损失，实现定价。Ismail（2016）提出地震最大损失符合复合截尾 Poisson - Weibull 分布，地震造成的极端损失的期望值是灾难性债券的净溢价、现值或净价格，灾难性债券的现值随着保留的增加而减少。Wang（2004）提出采用 Wang 变换，之后 Lin 和 Cox（2008）、Pelsser（2008）、Galeotti et al.（2013）等采用 Wang 变换来解决巨灾债券中存在的市场不完备性问题。韦勇凤等（2015）构建了一个包含政府公共部门、保险市场、资本市场在内的巨灾风险管理融资体系，并对一般情形下、Wang 变换后和 Wang 双因素变换后的公私合作的巨灾债券进行定价研究。Froot 和 Posner（2002）提出运用均衡定价模型处理多风险事件以及不确定参数。孙振涛等（2021）通过蒙特卡洛模拟给出了风险事件触发后债券现金流支付的最优折扣系数，投资者期望收益率增加，收益波动性减小。魏龙飞等（2020）应用混合触发机制和浮动支付结构均能提高巨灾债券的价格，降低道德风险和投资风险。Föllmer 和 Schweizer（1991）提出了更多的理论方法，他们为期权定价引入了最小鞅测度，而 Schweizer（1995）则使用了方差最优鞅测度。刘鹃和李永（2009）利用精算数学模型，将地震损失风险分布与金融市场利率风险统一研究，文章将地震灾害损失金额设为触发条件，按照不同时刻短期利率各种路径变化分析出息票的选择，进而设计出本金保障型债券的定价模型。陈惠民（2020）基于机器学习算法的巨灾债券定价模型有优势，采用支持向量回归算法对巨灾债券风险息差进行定价。刘静等（2018）应用无差异定价方法，假设投资者具有指数效用函数，给出了零息巨灾债券无差异价格。影响巨灾债券风险息差的主要因素是期望损失、风险附加、债券信用等级、债券发行时间、自然环境状况、再保险市场状况和金融市场状况。施建祥和陈海燕（2012）选取了 1990—2009 年浙闽赣三省洪涝灾害损失数据和发生次数，利用 CAMP 模型对洪涝债券进行定价。

六、文献评述

总结已有文献，学者们运用现代精算理论与方法，结合巨灾风险的特点，围绕地震风险管理、地震损失情况评估，包括经济损失和人员伤亡情况、地震保险的定价以及地震巨灾债券化等领域展开系统研究，并取得丰富的研究成果，这将为本书的研究奠定坚实的基础。但需要指出的是，关于地震风险管理、损失评估与地震保险定价方面的研究尚未成熟并存在一些亟须解决的问题，主要体现在以下四个方面：

第一，在地震风险管理中，从数据收集到模型建立再到技术革新都面临着挑战。已有研究中的地震风险评估需要大量的数据支持，包括地震历史数据、地质数据、人口分布、建筑结构等，但在一些地区，这些数据的收集和更新存在困难，影响了风险等级评估的准确性。现有的地震风险分析模型可能无法完全适应所有地区的具体情况，需要根据不同地区的地质条件、社会经济状况等进行模型的改进。地震风险管理需要与政策制定和城市规划紧密结合，但在实际操作中，政策制定者可能缺乏足够的地震风险管理知识，导致规划不够科学，体系不够健全。尽管已有一些地震风险管理的技术框架和平台，但这些在实际应用中可能受到极大的挑战，如怎么把新兴技术与风险管理联系运用起来。

第二，当前研究探讨了地震灾害的损失包括经济损失、人员伤亡评估方面，风险本身难以测量，损失也难以衡量。在灾害损失评估方面，现在多用椭圆曲线与分布函数来评估损失，当前的联合风险回归模型普遍采用两步法或 Barendse（2020）提出的修正两步法，而这些方法要么计算复杂、计算量大；要么对厚尾、高偏度数据是不稳健的。得出 POT 模型对巨额损失的极值风险度量进行了讨论，但要准确评估损失发生的情况，还需要进一步努力。在人员伤亡方面，考虑人口流动、获取信息的途径等，与震级联系起来，用线性回归模型（LM）经过不断改进找到更好的评估模型，后面发展的 ZID 模型都在预测人员伤亡情况上有巨大的贡献。

第三，已有研究分别对地震保险定价进行了研究，找到大多数人容易接受的定价。考虑保险定价的准确性依赖于损失分布预测的准确性和费率厘定方法和合理性，当前研究很少把两者联系起来改进的。损失程度或者损失频率预测的不准确都将导致保费厘定的不合理，现有文献多用 VAR 方法进行保费的定价。方法单一，难以确定合适的费率水平，应加强定价模型和费率的改进，找到适合我国的地震保险定价方法，建立相当规模的保险基金，应对地震风险。

第四，巨灾风险的不断变化迫切需要理论模型与方法的创新。准确的地震巨灾风险评估是保险定价的基础，对我国巨灾风险管理体系的完善具有重要意义。如前文所述，我国城镇化和工业化的持续推进，以及灾害链、风险暴露和脆弱性的不断变化，使灾害风险的系统性和复杂性持续加剧，巨灾风险的模糊性也更为突出。为此，探索科学合理的风险评估模型与方法，提高巨灾风险预测的准确性与稳健性，降低巨灾风险的模糊性就成为当前亟待解决的问题。国内外对地震灾害的现有主流研究，从研究内容上看大多集中于地震风险管理模式、地震风险预警、地震灾害应急方案等，相对缺少对地震灾害损失的统计评估及预测模型的较为深入的研究；从研究方法上看，主要采用传统的经济学、管理学研究方法、经典统计方法，贝叶斯方法统计应用还较少。

第三节　主要内容

本书在文献综述基础上，重点进行了以下探索：首先，系统梳理了地震灾害与巨灾风险的基本概念、特征以及我国地震灾害风险概况，深入分析了巨灾风险管理的内涵、方式及其可保性，对比了国内外地震巨灾保险的实践情况；其次，构建了地震灾害频数、人员伤亡及经济损失的统计模型，采用混合分布模型、分位数回归模型及贝叶斯方法等方法进行实证研究，探讨了贝叶斯空间分位数回归模型在地震指数保险中的应用，以及地震巨灾保险的定价方法与实证分析；最后，探讨了巨灾风险衍生品，如巨灾债券在风险管理中的应用。本书结构大概如下：

第一章概论部分，简要介绍了研究背景，系统地梳理了国内外相关领域的研究成果，进行了详尽的文献综述。通过对已有研究的深入剖析，本研究得以明确自身的定位与创新点，确保了研究的前沿性和价值性。同时，前言部分还清晰地概括了研究的主要内容，包括地震灾害与巨灾风险的基础理论探讨、巨灾风险管理与地震巨灾保险的实践分析，以及地震灾害频数、人员伤亡和经济损失的统计模型构建等多个方面，为后续章节的深入研究奠定了坚实的理论基础和逻辑框架。

第二章探讨了巨灾风险的含义、特征及其管理方式，分析了巨灾风险的可保性及其与巨灾保险的关系。通过对比不同巨灾风险管理手段，强调了巨灾保险在市场化分散风险中的重要作用。同时，本章还分析了巨灾风险的可保性挑战，如模糊性等，为后续章节中巨灾保险定价及风险管理模型的构建提供了理论基础。

第三章深度剖析了地震风险的基本概念、核心特征以及我国地震灾害风险的总体概况。该章节首先界定了地震风险的科学内涵，详细阐述了其突发性强、破坏力大、影响范围广等典型特征，为后续研究奠定了坚实的理论基础。随后，通过对我国地震灾害历史数据的系统梳理，揭示了我国地震灾害的高发性、区域集中性及损失严重性等特点。在此基础上，本章进一步梳理了我国地震巨灾保险的发展历程，并以四川城乡居民住房地震保险和云南大理地震专项保险为典型案例介绍我国巨灾保险实践情况。最后，本章还总结了我国地震保险实践过程中存在的问题。

第四章探讨了地震灾害频率的统计特征及其统计模型构建。通过引入混合分布模型及贝叶斯统计推断方法，本章对我国地震灾害频数进行了统计分析，包括破坏性地震、中强震、强震及大地震等不同等级地震的频数分布，从而揭示了我国地震灾害频数的内在规律和特征。

第五章主要研究了地震灾害人员伤亡的统计特征及其建模方法。构建针对计数数据的贝叶斯分位数回归模型，以深度剖析地震灾害所导致的人员伤亡数据。此模型的创新之处在于，它不仅充分考量了人员伤亡数据的内在异质性，即不同地震事件间伤亡程度的显著差异，还巧妙地融入了贝叶斯统计方法，从而显著提升了模型的预测精度与稳健性。

第六章聚焦于地震灾害经济损失的统计建模与分析。通过引入混合模型及其贝叶斯估计方法，本章对我国地震灾害经济损失数据进行了拟合与预测。在理论层面，本章系统性地探讨了在不同分布类型框架下混合模型的构建策略与优选方法，深化了对地震灾害经济损失复杂性的理解。在实践层面，通过一系列严谨的实证研究，本章有力地验证了所构建模型的有效性与实用性，展现了其在地震灾害经济损失评估领域的广阔应用前景。

第七章探讨了贝叶斯空间分位数回归模型在地震指数保险中的应用。指数保险凭借其理赔透明、快捷的特点，被广泛应用于地震、洪水、飓风等巨灾保险中。然而，指数保险最大的局限性就是存在基差风险。本章提出运用贝叶斯空间分位数回归模型降低地震指数保险的基差风险。在模型中同时考虑了地震风险性、暴露和脆弱性对经济损失的影响，本章利用所提出的模型和方法计算出云南省 16 个地区的赔付机制和相应的保费，明显降低了指数保险的基差风险。该章的研究为地震指数保险的设计及定价提供新的思路和方法。

第八章探讨了地震巨灾保险的定价方法。通过国内外地震巨灾保险模式的对比分析，为后续地震巨灾保险定价及风险管理策略的制定提供了宝贵的现实依据与国际借鉴。此外，本章对比了不同定价模式及保费厘定方法，如传统精算费率厘定原理、期望效用原理、VaR 法等。同时，本章基于 VaR 法对地震巨灾保险的保费规模进行了测算，通过实证分析验证了巨灾保险定价模型的有效性，为地震巨灾保险的定价提供了科学依据和实践指导。

第九章介绍了巨灾风险衍生品的种类、特征及其在巨灾风险管理中的应用。通过详细阐述巨灾债券的定义、运行机制及发展历程，本章揭示了巨灾债券在分散巨灾风险、提高保险公司偿付能力方面的重要作用。同时，通过实证分析，对云南省地震巨灾债券价格进行测算，为巨灾风险管理的多元化提供了有益的参考。

第二章　巨灾风险管理与可保性

第一节　巨灾风险的含义及特征

一、巨灾风险的含义

（一）巨灾

巨灾（Catastrophe）来源于古希腊语“Katastrephe”，是指特别重大的灾害或灾难，目前对巨灾的定义较多，主要包括定量和定性两个方面。

从定量的角度来看，联合国界定了巨灾为导致社会功能严重紊乱，于广泛区域内造成人员伤亡、物质毁损及环境破坏，且其规模超出国家内部资源应对能力的灾害事件。联合国国际减灾十年委员会于1994年设定的巨灾判定基准涵盖：财产损失占比超过国民生产总值1%，受灾人口占比超过全国总人口1%，或死亡人数逾百人。美国保险服务局（Insurance Service Office，ISO）财产理赔部门则将巨灾界定为直接财产损失超过2500万美元（以1998年币值计算），并对保险人与被保险人造成广泛影响的事件。标准普尔在1999年提出的定义中，巨灾是指单一或一系列相关联的风险事件引发的保险损失超过500万美元的事件，此类损失所源自的风险被命名为巨灾风险。瑞士再保险公司对巨灾的界定则是，自然灾害或人为灾难的总损失达到或超过8550万美元，其他类别损失超过4270万美元，或造成20人以上死亡或失踪、50人以上受伤、2000人以上无家可归的情况。

从定性的视角出发，慕尼黑再保险集团将巨灾界定为“重大自然灾害”，意指自然灾害对受灾区域的影响程度超越了其自主恢复的能力界限，需依赖跨区域或国际层面的援助。而经济合作与发展组织（OECD）则将其命名为“大规模灾害事件”，强调此类灾害对广泛人口、人类活动及社会资产造成深远且严重的损害，受灾地区无法独自应对其引发的破坏后果。王和（2013）、王银成等（2013）、卓志（2018）等对巨灾的定义可以概括为：突发的、难以预见和避免，造成重大财产和人身损失的自然或人为事件。

本书从定性角度将巨灾定义为由重大灾害事件（涵盖自然与人为因素）引发的，导致大范围保险标的物遭受同时性损害，进而可能产生巨大经济损失的概率性事件。

（二）巨灾风险

风险（Risk）来源于古意大利语“Riscare”，词义为“陷入危险”。现代意义上的风险一词，已超越了“陷入危险”的含义，可理解为遭受损失、伤害、不利或毁灭的可能性。在保险领域及学术研究中，风险通常被表述为发生损失的可能性。风险的构成要素包含风险因素、风险事件与损失后果。其中，风险因素是指那些能引发特定风险事件发生、增加其发生概率或加剧损失程度的因素或条件；风险事件（亦称风险事故）则是指那些偶然发生的、直接导致人身或财产损失的事件，是损失的直接或外在诱因；而损失后果则是指非计划性、非故意性及非预期性的经济价值缩减。

在深入探讨巨灾风险这一概念之前，需先对巨灾和巨灾风险的概念稍作区分。巨灾是对已发生极端事件的回顾性确认，其损失程度和范围已明确，管理重点在于损失评估、救援与保险理赔，其中保险人依据合同条款执行赔付流程。相对地，巨灾风险则是前瞻性概念，涉及对未发生但潜在可能发生的灾害事件及其损失规模的预估，这种预估带有显著的不确定性，要求采取积极的风险预防与控制措施。保险行业在此环节中，需审慎评估承保策略，旨在有效管理并降低潜在的巨大经济损失。巨灾与巨灾风险分别代表了对极端事件的事后确认与事前预估，体现了灾害管理在不同阶段的不同侧重点。

综上，本书认为巨灾风险是指因自然灾害、人为事故或疾病传播而造成巨大损失的可能性。地震巨灾风险则特指因地震灾害造成巨大损失的可能性。

（三）巨灾风险的分类

从巨灾风险的成因角度进行分类，可将其划分为自然巨灾风险与人为巨灾风险两大类。

自然巨灾风险是由自然因素所引起的，其影响范围通常局限于特定区域，并对该区域内的大量人群产生影响。此类风险主要包括地震、洪水、风暴、干旱、森林火灾、热浪、寒流霜冻、冰雹、海啸以及其他自然灾害，共计八大类灾害事件。此类自然灾害具有难以预测、低频高损、受灾面广、影响期长等风险特性，不符合理想的可保风险范畴，任一主体都无法单独承受巨灾风险。

人为巨灾风险则是由人类活动所引发的巨灾事件，如恐怖袭击、空难、海难等。这些事件同样会对社会经济造成重大冲击和损失，且其发生频率虽相对较低，但一旦发生，损失规模巨大，对保险公司的资产和资本以及某些地区和国家的经济总量而言都是巨大的。例如，恐怖袭击事件不仅会造成直接的人员伤亡和财产损失，还可能引发社会恐慌和经济动荡，其影响范围和程度难以准确预测和评估。

在全球气候变化的背景下，极端事件发生的频率增高，经济快速发展导致承灾体集聚化程度提高，区域经济社会关联更加密切，区域性甚至全球性产业链导致地区经济脆弱性升高，这些因素均对未来防范巨灾风险提出了严峻挑战。因此，对巨灾风险的深入研究，包括其形成机理、评估与预警技术、防范关键技术等，对于构建有效的巨灾风险管理体系，降低巨灾风险带来的损失具有重要意义。

二、巨灾风险的特征

（一）低频发性

巨灾风险以其低频发性为主要特征之一，即这类极端事件在时间上呈现稀疏分布，发生频率通常维持在较低水平，这一特征使巨灾风险在历史数据中显得尤为稀缺，从而增加了对其发生概率和潜在影响的准确评估难度。具体而言，诸如高强度地震、大规模火山喷发以及极端气候事件（如特大洪水）等，均属于低频发生的自然灾害，它们的罕见性不仅考验人类的应急准备能力，也对风险管理和保险机制的设计提出了更高要求。

（二）损失严重性

巨灾风险一旦发生，其造成的损失往往具有极端严重性，不仅体现在直接经济损失上，还包括对人类社会、生态环境以及文化遗产的深远影响。经济损失方面，一次大地震或特大洪水可能导致数十亿、数百亿乃至上千亿美元的直接财产损失，严重影响国家经济的稳定性和可持续性，随着我国经济持续增长，财富积累日益增加，加之城市化进程的加速，巨灾事件所导致的损失规模逐年扩大，对人民群众的生命与财产安全构成重大威胁。此外，巨灾还可能造成人员伤亡、基础设施损毁、社会功能紊乱等一系列次生灾害，进一步加剧了损失的复杂性和长期性。

（三）影响广泛性

通常情况下，一种极端自然灾害往往能够触发一系列复杂的次生灾害链反应，次生灾害相互交织，加剧了风险的复杂性和不可预测性，进而巨灾风险呈现出结构复杂的特点，使其影响范围通常极为广泛，不仅限于灾害发生的直接区域，还可能通过灾害链效应波及更远的地理空间和社会经济系统。这种广泛的影响范围不仅加剧了灾害的即时破坏性，还增加了灾后重建和资源调配的难度。例如，一场大地震不仅摧毁震中地区的建筑物和基础设施，还可能通过地震波传播引发周边地区的次生灾害，如滑坡、泥石流等，从而对更广泛区域内的生命安全和经济发展构成威胁。

（四）预测难度大

由于巨灾风险具有低频发性和缺乏明确规律性，因此，对其进行有效预测的难度极大。传统的统计预测手段常受限于数据可获得性低和模型局限性而无法提供准确的预测结果。近年来，虽然随着大数据、人工智能等先进技术的发展，灾害预测的准确性有所提高，但仍面临诸多挑战，如数据质量、模型验证、实时更新等问题。因此，持续的技术创新和跨学科合作对于提高巨灾风险预测能力至关重要。

（五）风险分散局限性

巨灾事故的发生往往导致大量保险标的同时受损，这使传统商业保险机制难以依据大数法则有效分散风险。巨灾风险的这种局限性对保险行业的风险承担能力构成了严峻考验。为了应对这一挑战，国际上涌现出了一系列创新策略，如巨灾债券、再保险市场优化、政府与社会资本合作（PPP）模式等，旨在通过多元化融资渠道和市场机制设计提高巨灾风险的分散能力和应对效率。然而，这些创新策略的实施仍面临诸多法律和监管障碍，需要进一步的政策支持和国际合作来推动。

第二节 巨灾风险管理的内涵与方式

一、巨灾风险管理的内涵

巨灾风险管理是一个综合性的过程，旨在通过多种手段和策略识别、评估、控制和缓解巨灾带来的风险，这不仅包括对巨灾发生频率和损失程度的评估，还涵盖从预防到应对的全过程管理。其中，风险识别是基础，需要通过科学的方法识别出潜在的巨灾风险，如地震、台风等自然灾害；风险评估是关键，这需要对巨灾发生的可能性和造成的损失进行量化分析。鉴于巨灾事件一旦发生即会导致重大人员伤亡及巨额财产损毁，巨灾风险管理的重点在于采用多层次、综合性的策略，在巨灾风险管理过程中，政府发挥重要的政策引导和监管作用，而市场机制则通过创新和资源配置提高风险管理的效率。

二、巨灾风险管理的方式

目前，我国在巨灾风险管理方面采取了多方参与的模式，参与主体主要包括政府、企业、金融机构以及社会组织等多方力量。政府在巨灾风险管理过程中扮演着核心角色，主要负责制定和实施全国范围内的防灾减灾战略，以降低灾害带来的损失，企业、金融机构和社会组织则作为重要的参与者，与政府协同合作，共同致力于防灾减灾工作。

（一）巨灾风险管理的运作方式

我国巨灾风险管理的运作流程包括以下三个环节：首先，由政府制定巨灾风险管理应急预案并负责执行，应急预案明确了在未来一段时间内的巨灾风险管理目标，从中央到地方各级进行逐级部署，确保各级政府和相关部门的职责得到明确的划分；其次，在灾害发生后，政府将负责指挥和组织救灾工作，根据灾害的严重程度进行等级判定，并据此确定相应的指挥机构，中央政府将联合灾区地方政府，开展职责明确、相互协调的救灾行动，通过中央政府主要负责统筹指导，地方政府则负责具体的实施工作，灾区的企业和民众积极参与，形成一个多方协同、高效运转的救灾机制；最后，资金筹措方面，主要以财政拨款为主导，并辅以多元化的资金来源渠道。财政部门将依据灾情严重程度，采取追加预算、设立专项救助资金等措施，确保灾区获得充足的资金支持；各类企业和社会团体也将自发发起募捐活动，利用多种途径为灾区募集救援资金和必需物资。

（二）巨灾风险管理流程

巨灾风险管理流程与普通风险管理流程相似，大致可分为四个步骤，包括确定风险管理目标、风险识别、风险评估和风险管理措施。

确定风险管理目标是巨灾风险管理的基础，其核心在于通过多种手段降低巨灾发生的频率和损失程度。降低巨灾损失频率主要通过加强预防来实现，如提高基础设施的抗灾能力、加强灾害预警系统的建设以及提升公众的风险意识和应急能力。降低损失程度则涉及灾害发生后的快速响应能力，这需要建立完善的应急响应机制，确保在灾害发生后能够迅速调动资源进行救援。

风险识别是巨灾风险管理的前提。例如，四川省部分地区存在地震风险，沿海地区存在台风风险，重化工业区存在危险品泄漏和爆炸风险，为了应对这些风险，四川省开展了地震灾害风险普查和重点隐患排查工程，沿海地区需要加强台风预警系统的建设，而企业需要加强安全生产管理。通过准确识别巨灾风险，可以有效降低巨灾带来的损失和影响。

风险评估是巨灾风险管理的关键，包括对巨灾风险频率和损失程度的评估。通过对风险频率的评估，可以确定某种灾害在特定时间和地点发生的可能性，如通过历史数据和统计模型预测地震或台风的发生频率，而损失程度的评估则涉及对灾害造成的经济损失和人员伤亡的预测。风险评估的准确性能够为巨灾保险的定价、资源的合理配置以及政策的制定提供科学依据。

风险管理措施则包括风险回避、风险防控和风险的转移与分散。风险回避是指通过改变计划或策略完全避免风险的发生，风险防控则侧重于通过各种手段降低风险的发生概率和影响程度，风险的转移与分散则是通过将风险责任转移给其他方或分散到多个主体减轻自身的风险压力。常见的转移方式包括购买保险、签订合同、外包业务等。

第三节　巨灾风险可保性与巨灾保险

一、巨灾风险可保性

（一）传统风险可保性

保险业务的核心在于风险的可承保性（insurability），这一特性构成了保险业实现风险集中管理和风险转移机制的基础。对该特性的深入分析，不仅是保险产品设计的先决条件，而且深刻影响着承保条件的设定、费率的精确厘定以及赔付标准的规范。在保险市场中，风险的可转移性依赖于其满足可保性标准，可转移性是风险得以通过保险机制进行有效分配与转移的前提，仅当风险符合可保性要求时，保险业方能实现对风险的集中管理和有效转移。

传统的可保风险主要聚焦于纯粹风险领域，这类风险非投机性质，仅蕴含损失的可能性而绝无获利之机。然而，并非所有纯粹风险均能获得保险公司的承保。从理论角度深入剖析，适宜保险承保的风险需满足以下条件：第一，从经济角度考量，潜在损失虽大，但发生频率需维持在较低水平，以保证经济上的可行性；第二，需存在大量相互独立且分布一致的同类风险单位，以符合保险运营中的大数定律；第三，损失的概率分布需具备可测定性，便于保险公司在厘定保费时精确评估客观损失分布状况；第四，损失需具有明确性和可量化性，涵盖损失缘由、时间点和地点的明确界定，以及损失金额的可估算性；第五，风险还需具备突发性和非故意性，即其发生不仅超出了投保人的控制范畴，且无法预见，同时与投保人的故意行为无直接关联。综上所述，上述要件共同构成了保险公司评估纯粹风险可保性的核心基准，是判定风险是否符合传统保险承保标准的理论依据。风险若能满足这些条件，即被视为传统意义上的可保风险，这不仅契合了保险的本质特征，也严格遵循了保险业务的基本承保原则。

随着保险业务实践的持续演进与保险需求的日益提升，从保险市场发展的视角来看，风险可保性的界定日益凸显其动态适应性。具体而言，那些既满足法律法规约束，又涉及风险有效转移，且其保险条款、费率设置及责任界定等核心要素能够被保险交易双方广泛接受的保险方案，若能够顺利推动保险契约的达成，实现风险从被保险人向保险人的有效转移，并促使交易各方实现效用水平的正向增进，即达成帕累托最优状态，则该风险即被视为具备可保性。

（二）巨灾风险的可保性分析

按照传统理论框架，风险的可保性具有严格的条件限制，传统的保险经营活动亦是建立在对这些可保性风险条件的明确识别与确认基础之上的。若按照传统对可保险风险的严格界定，许多巨灾风险因难以完全符合要求而被认为是不具备充分的可保险性（谢家智和陈利，2011）。然而，随着现代保险经营理论的进步与实践的发展，风险可保险性的界定展现出动态调整的特性，这为深入分析巨灾风险的可保险性提供了新的基础。

1. 巨灾风险可保性的理论基础

第一，风险年度平衡理论转变为风险时期均衡理论。巨灾风险在时间维度上的纵向分散策略，不仅是对传统风险年度平衡原则的超越，更是风险时期均衡理论在保险实践中的深化应用。通过跨期调节，保险公司能够利用非巨灾年份的财务盈余，有效对冲巨灾年份的财务冲击，实现风险与财务的平稳过渡。风险时期均衡方法的应用，使保险公司在更长的经营周期内审视风险与收益的匹配，将短期内的随机波动转化为长期内的稳定预期，从而增强了保险经营的稳健性和可持续性。同时，促使保险公司重新审视风险可保性的边界，通过技术手段和市场创新，不断拓展风险可保性的范围，为巨灾风险的有效管理提供了更为灵活和务实的路径。

第二，风险分散需结合跨地域与跨时间的双重策略。随着大数定律在更广泛时空背景下的应用深化，以及跨地域与跨时间风险管理理论的不断演进，为保险公司承保巨灾风险奠定了坚实的理论基础与技术支撑，作为金融媒介，保险公司在跨代风险平衡方面展现出独特优势。与此同时，金融市场中的衍生金融工具与风险转移协议，作为风险管理的高效工具，促进了风险的横向分散。此外，再保险理论与实践的迅猛进步，加速了全球性跨区域再保险体系的完善，为保险公司拓宽承保范围、有效转移风险提供了财务上的坚实后盾，借助再保险机制，保险公司能够将超出自身承受能力的风险敞口转移给再保险人，从而优化赔付结构，减少超额赔付风险，确保经营稳健，为保险业的长期稳定发展奠定了坚实基础。

第三，风险分解理论的进步得益于保险证券化理论的演进。鉴于风险相关性增强、巨灾损失规模持续扩大以及可保风险范畴不断拓展的现状，保险风险证券化作为一种创新手段应运而生，显著革新了传统再保险的业务逻辑。其核心在于保险与金融市场的深度交融，催化了保险风险管理策略的转型。支撑这一变革的理论基石包括可保风险泛化论、保险功能深化与回归论，以及风险管理整合层次论。通过证券的设计与发行，保险风险证券化机制实现了承保风险向金融市场的有效转移，将巨灾风险与全球资本市场紧密联结，极大地促进了风险的全球优化配置。此创新举措不仅扩充了保险风险管理的手段库，也为保险业的长远发展开辟了新的路径。

第四，风险期望理论的演进。在不确定环境下的风险决策研究中，期望效用理论与均值－方差模型及其延伸的收益－风险决策模型共同构成了两大基础理论架构，为风险的认知与量化提供了关键手段。20 世纪 80 年代以来，风险决策理论取得了新进展，对偶理论、预期效用理论以及秩依赖效用理论的涌现，预示着巨灾保险研究领域开始突破传统期望效用理论的束缚，为应对巨灾风险保险相关挑战探索了新的方向，促进了风险分散与管理实践的创新发展。

2. 巨灾风险可保性的现实基础

巨灾风险可保性的现实条件在我国已逐渐成熟。首先，社会对巨灾保险的需求日益高涨，国民收入水平的提高使巨灾保险的有效需求和购买能力显著增强，人们出于风险厌恶和损失规避的心理，更愿意购买巨灾保险以保障自身财产安全。其次，现代保险经营技术的迅速进步，特别是金融数学与保险数学的融合、计算机和通信技术的革新，以及我国灾害学和灾害工程技术领域的发展，为巨灾保险提供了坚实的评估基础，也为风险的有效转移和保险产品的创新提供了强大的技术支持，使巨灾风险的量化和管理成为可能。再次，保险业规模的迅速扩张与承保能力的显著增强，加之保险市场竞争的加剧，促使保险公司优化资金结构、提升投资收益，并放宽承保条件，不断推出新产品以满足市场需求，为巨灾保险的供给提供了有力保障。最后，巨灾保险相关法规的配套健全为巨灾保险制度的顺利推进提供了运作保障，包括财政支持、风险防范意识提升、政策性农业保险试点经验积累以及税收优惠政策的出台等，均为我国巨灾保险体系的构建奠定了坚实基础。

3. 巨灾风险实现可保性的条件

第一，突破无大量同质风险单位存在的瓶颈。在巨灾保险领域，尤其是针对自然灾害（如地震、台风、雪灾等），常面临风险单位数量不足且非同质的挑战，这与保险精算中的大数法则相悖。大数法则要求有足够多的独立且同质的风险单位，以确保风险的稳定性和可预测性。然而，自然灾害巨灾事件通常具有低频高损的特点，且致灾因子在特定年份内发生的次数有限，难以形成大量同质的风险样本。为了克服这一瓶颈，可采取以下策略：首先，通过政策引导或强制规定，在自然灾害频发区域推广巨灾保险，确保足够多的公民和单位参与投保，从而增加风险样本的数量。这样，即使单个自然灾害事件造成的损失巨大，但由于参保基数大，风险可以在更广泛的群体中进行分散。其次，认识到在同一受灾区域内，不同保险标的的受损程度可能存在差异，在一定程度上有助于风险的进一步分散。最后，从时间维度考虑，自然灾害的显现呈现出偶发性，不会集中于某一特定时段爆发，其在时间上的弥散特性恰好契合了大数定律的需求。

第二，应对众多风险单位可能同步受损的难题。传统观点强调，巨灾风险的触发往往致使众多保险标的因同一事件而同时蒙受损失，对保险公司乃至整个保险行业构成即时且重大的冲击，导致保险人责任累积，从而动摇其经营稳健性，甚至可能加速保险公司的破产进程，故常被视为不可承保的风险。然而，经过深入剖析，我们发现这一结论建立在一种理想化假设之上，即假定巨灾风险会在一个国家或地区范围内全面且同时爆发，造成广泛且难以复原的损失，而这种极端情况在实际情况中极为少见。实际上，自然灾害通常局限于特定区域，不会在同一时间影响整个国家或地区的每一个角落。基于此，可以通过多种策略提升巨灾风险的可保性。首先，促进同一国家或地区内不同保险公司之间的共保合作，实现风险在更广泛范围内的分散。其次，加强国际间的风险交换或分保合作，利用全球保险市场的广度进一步分散风险。此外，引入国家财政支持与被保险人共担机制，减轻单一保险实体的赔付压力。最后，通过在巨灾风险高发区域实施强制性政策保险，结合精确的费率精算，确保风险的可预测性和可控性。

第三，破解被保险人难以承受巨灾保险费用的问题。巨灾风险因其极高的损失频率与运营成本，常常致使保险费率维持在较高水平，这对投保人的经济承受能力构成了严峻挑战。高昂的保费不仅抑制了公众的投保意愿，也使保险公司难以积累足够的巨灾风险基金以应对潜在的赔付需求，进而影响了巨灾保险的经济可行性。为了破解这一难题，需要从多方面入手。首先，政府可以发挥关键作用，通过提供财政补贴、税收减免等激励措施，降低投保人的实际保费负担，提升其参保积极性。其次，保险公司应不断优化产品设计，采用更加精细化的风险定价模型，确保费率的公平性和合理性，同时探索多元化的保费支付方式，如分期支付、与贷款绑定等，以减轻投保人的即时经济压力。此外，加强国际合作，通过再保险市场分散风险，也是降低本土保险公司保费压力的有效途径。同时，提升公众对巨灾风险的认识和保险意识，通过教育和宣传引导人们理解保险的价值，也是推动巨灾保险普及的关键，提升巨灾保险的经济可行性和社会接受度，从而构建更加完善的风险保障体系。

二、巨灾保险

（一）巨灾保险的概念

保险是以风险为基础，转移风险的机制，保险公司向投保人收取保费，当风险事故发生时，对投保人进行经济补偿或给付保险金的行为。地震风险就是地震保险的经营对象。地震保险是巨灾保险中的一种，明确巨灾保险的界定，能更好地研究地震保险。巨灾保险（Catastrophe Insurance）是以地震、洪水等各类灾害带来的风险为承保标的的险种。在我国的实践中，根据性质不同，巨灾保险分为政策性巨灾保险和涵盖巨灾责任的商业性巨灾保险。前者系政府基于国家与民众福祉的考量，在特定的政策框架内构建，旨在为商业保险难以覆盖的领域提供巨灾风险保障；而后者则是商业保险机构以盈利为目标，遵循公平自愿的交易准则，向被保险人提供保单所规定的巨灾风险保障。

（二）地震巨灾保险

基于巨灾保险的定义，可以对地震巨灾保险下定义为：地震巨灾保险是以地震原生灾害以及其所造成的次生灾害所带来的损失或风险为标的，通过收取保费，建立保险基金，在规定损失发生时，向投保人进行经济补偿，从而转移投保人的损失或风险的行为。地震巨灾保险是一种专门针对地震风险的科学化和制度化风险管理机制，旨在通过提供经济保障来减轻地震带来的巨大财务损失，并鼓励居民、企业和政府积极参与防灾减损工作。该保险机制在发生地震灾害后提供制度化的经济补偿，帮助受灾者进行紧急救援和灾后重建，有效缓解灾区的经济压力和恢复负担。

1. 地震保险的功能

第一，增加社会的防灾抗灾能力，从而促进了社会的稳定。保险最基本的功能是经济补偿功能，投保人能通过保险金的赔付来降低自己的损失，这也变相加强了投保人的抗灾能力，同时，地震保险也加强了投保人的防灾意识，从而提升了社会的防灾抗灾能力，降低了因灾致贫的可能性，促进了社会的稳定。

第二，能一定程度上转移地震风险。如果没有保险，投保人遭受损失时只能由自己单独承担，投保人投保地震保险花费了较小数额的保费成本，在地震发生时保证了自己的经济稳定，风险也从自己单独承担变成了由投保人、保险公司、再保险公司、社会救济机构和政府共同承担。

第三，起到了资金融通的功能。保险公司能将保险基金中暂时闲置的部分，重新投入到社会再生产的过程中来。对于保险公司来说，闲置基金的运营能为他们带来利润，同时也使保险公司经营稳定，为了保证未来的赔付需求，保险基金的再运用能保证其保值、增值。对于国家社会来说，保险基金重新投入到社会再生产中，能促进社会经济的良好运行。

第四，提高了政府对社会的管理水平。保险作为风险管理的手段，地震保险要求储蓄准备金和监督风险。地震保险专业的预警机制，以及大量的历史数据和勘察定损收集的损失情况，都为政府救灾提供了基础性依据，保证了政府决策的科学性。

2. 地震保险的特点

（1）可保性。在探讨地震风险的可保性时，需从多个维度进行学术性分析。地震风险展现出显著的不确定性特征，其发生的时间、地点及损失程度均难以预测，且一旦触发，往往导致巨额的经济损失，这符合风险发生随机性、损失不确定性的基本条件。然而，地震风险的特殊性在于，其影响范围广泛，众多保险标的可能因同一地震事件同时受损，这迅速累积了保险人的赔付责任，对保险公司的财务稳定性和持续经营构成严峻挑战。基于巨灾风险可保性的深入分析，将其具体应用于地震保险领域时，需要克服以下两个条件。

第一，要克服无大量同质风险单位存在的问题。由于我国领土面积大，因此，不同地区发生地震的可能性不同，例如，西南部地区的云南省和四川省因为地处地中海——喜马拉雅火山地震带，其发生地震的可能性就要高于我国东部地区。若通过合理的制度设计强制地震频发区域的居民及单位投保地震保险，将能汇聚起一个足够庞大的样本集，足以涵盖可能蒙受损失的各类情况。同一受灾地域内，震源中心和远离震源的地区的保险标的所遭受的损害程度会呈现出差异性。因此，广大区域内数量众多的保险标的共同面临着少数但性质相同的地震灾害风险，这些风险虽可能在特定时间和地点导致局部性、相对集中的损失，但在时间和空间分布上却呈现出分散特性，这与大数定律的原理是相契合的。

第二，要克服大多数风险单位同时遭受损失的问题。戈利耶认为随着参与风险分担的主体数量增多，可保性也随之增强，跨期分散也可以达到这样的效果。① 若能在同一国家或地区内推动不同保险公司间的共保合作，促进不同国家或地区间的风险互换与分保交流，并辅以国家政策与被保险人的共同承担，地震保险的可保性将显著增强。或者通过在该地震风险区域实施强制性政策保险，并辅以精确的费率计算，也能提升其可保性。众多地震事件在发生前往往展现出一定的预兆，而我国在地震预测技术方面正不断进步，地震的可预测性逐渐增强。随着科技的进步与监测能力的提升，地震预测的精确度日益提高，从而为我们采取防震减灾措施提供了可能，进而增强了地震保险的可保性。

（2）社会保障性。地震保险作为一种特殊的保险产品，兼具私人物品与公共物品的属性。一方面，地震保险展现出与教育、医疗等公共产品相似的特性，这主要体现在其涉及广泛的公共利益，需要政府的积极参与和

---

① 克里斯蒂安戈利耶著，徐卫宇译．风险和实践经济学［M］．北京：中信出版社、沈阳：辽宁教育出版社，2003.

调控。鉴于地震灾害可能带来的巨大损失及对公共安全的威胁，政府往往采取主导角色，通过强制投保等措施来广泛推广地震保险，以减少潜在损害，从而赋予地震保险以公共产品的属性。另一方面，地震保险又并非完全等同于社会福利，投保人需承担相应的保费成本，且商业保险公司作为运营主体，具有盈利动机。然而，在公共物品属性与商业属性之间，地震保险的公共物品属性更为显著，其社会保障功能尤为突出。相较于保险公司追求盈利的商业行为，地震保险在维护社会稳定、保障民众生命财产安全方面发挥着不可替代的作用。

（3）政策性属性。根据性质保险可以细分为：市场化商业保险、保障性的社会保险和以政策导向的政策性保险。政策性属性体现对在以民生为代表的社会责任的关注，具有高风险、高费率、低盈利的特点。基于准公共物品的属性，有别于一般商业保险，其供给无法依靠保险业独立完成。首先，国家对政策性保险进行单独立法。从法律上看，政策性保险不仅涉及保险人和投保人之间的私权利关系，还涉及政府与二者之间的公权利和私权利的关系，更需要法律上予以明确各主体的权利义务，以保障有效的运营。其次，经营地震保险可以享受特殊的优惠政策。考虑到经营风险和承保能力的因素，商业保险公司一般不愿承保，通过税收手段激发企业承担社会责任。再次，政策性保险具有补充功能。商业保险以逐利为首要目的，经营地震保险既要发挥商业保险的作用，又要对其不足进行补充和辅助。最后，政府需要采取各种措施推广宣传。为提高覆盖率、减轻灾害损失维持社会稳定，政府采取各种方式宣传或者为高风险的居民减免基础保费等手段来确保覆盖率。政策性保险属性决定了政府的作用能够促进整个制度体系的构建，确保其有效运行，需要国家依靠法律的强制力保证地震保险体系的有效建立。

第三章　地震巨灾风险与地震巨灾保险

第一节　地震巨灾风险的概念及特征

一、地震巨灾风险的概念

地震巨灾风险是指由于地震活动引发的大规模灾难性事件，地震作为自然界中最具破坏力的灾害之一，其强大的能量释放不仅能够瞬间摧毁建筑物和基础设施，还会引发次生灾害，如海啸、山体滑坡、地面塌陷等，从而进一步加剧灾害的损失和影响。这种风险不仅限于单一地区或短期内的破坏，还包括对社会、经济和环境的长期影响。地震本身作为巨大自然灾害之一，因其突发性、破坏力和广泛影响性，具有极高的潜在危害。地震巨灾风险的概念强调的是地震发生的多维性和复合性。首先，地震的发生具有不可预测性，通常没有明确的预警机制，使人们在面对地震时无法进行有效的应对和预防。其次，地震的影响往往跨越时间和空间，地震震中的即时破坏是明显的，但远离震中的区域也可能因地震引发的次生灾害而遭受严重后果。例如，强烈的地震可能引发大规模的土壤液化现象，导致道路、桥梁等基础设施的塌陷，甚至引起山体滑坡，进一步加剧灾害的规模和范围。地震巨灾风险在社会层面的影响还体现在其对公共安全、医疗资源、交通运输、通信等系统的冲击，一旦发生大规模地震灾害，城市的运转几乎会陷入瘫痪，公共安全和医疗系统的过载可能导致大量伤亡和财产损失。地震灾害的复原期通常很长，重建工作耗费巨大的资金和时间，这也给社会带来长远的经济负担。

我国地处亚欧板块和太平洋板块交界处，地壳活动频繁，板块之间的碰撞、挤压使我国成为全球地震多发区域。地震具有突发性、成纵性和继发性等特征，这使地震灾害的危害极其严重。突发性是指地震发生时无法提前预警，震中往往在短时间内产生巨大破坏，造成大量的建筑物倒塌、道路损毁、人员伤亡等。而成纵性特征则表现为一旦一个地区发生强烈地震，由于地壳的应力场调整或岩石断裂的延续，震中附近的区域往往会在较长时间内经历一系列的余震，形成持续性灾害。这种地震活动的延续性，往往使灾区面临更加复杂的风险，增加了救援和恢复的难度。此外，地震引发的继发性灾害也是其灾害性的重要组成部分。强烈的地震不仅会对建筑物造成直接的损毁，还可能导致山体滑坡、土壤液化、海啸等次生灾害，这些灾害往往具有更广泛的影响范围。原生灾害和次生灾害的多重耦合，进一步加剧了地震的危害。

地震灾害的负面影响体现为“短”与“长”的结合，既有突发性造成的即时破坏，又有地震活动的持续性和恢复期的漫长性。地震灾害的短期冲击通常表现在大规模建筑物倒塌、人员伤亡、交通瘫痪等方面，而长期影响则体现在灾后重建的艰巨性、资源的重新分配、经济体系的修复等方面。灾后的社会复原过程可能经历数年甚至数十年的时间，不仅需要巨大的财政投入，还需要社会系统在心理、政治和经济上的适应能力。强烈的地震活动往往摧毁了大量的基础设施和社会生活的基础，恢复过程中的资源短缺、人口流失等问题也可能成为社会不稳定的源头。

二、地震巨灾风险的特征

地震的突发性是其最显著的特征之一。地震通常没有明显的前兆，无法预测其具体发生的时间、地点和强度，虽然科学家通过监测地壳运动、研究历史地震活动等手段，能够大致估计地震发生的概率，但由于地震的自然复杂性，预测的准确性仍然有限。此外，地震巨灾的影响是广泛且深远的。地震不仅对直接受灾区域造成严重损害，还可能引发连锁反应，例如，建筑物倒塌、基础设施破坏、道路阻断等直接损失，往往会导致大规模的人员伤亡和财产损失，而地震灾害引发的次生灾害，如火灾、海啸、泥石流等，这些灾害的相互作用使风险进一步放大。此外，地震巨灾造成的经济损失往往是严重且难以估量的。由于其涉及的领域广泛，从人口生命安全、基础设施到社会经济活动，地震灾害往往对经济产生巨大冲击，重建工作往往需要巨大的财力和人力，并且恢复时间长，给政府、企业和民众带来沉重负担。综上，地震巨灾风险的特征表现为突发性、广泛性、严重性和不确定性等多方面的复杂性。

据统计，20 世纪以来，我国大陆共发生 8.0 级以上地震 19 次，7.5 级以上地震 24 次，6 级以上地震近 800 次。20 世纪发生在我国的破坏性地震就占全球地震次数的 1/3，这些破坏性地震导致我国死亡人数达 59 万人，占全球因地震灾害死亡人数的 1/2。近 10 年来，我国共发生 5.0 级及以上地震 122 次，其中 5.0 级到 5.9 级地震 96 次，6.0 级到 6.9 级地震 23 次，7.0 级以上地震 3 次，造成直接经济损失 1199.22 亿元，死亡人数达 845 人。如图 3－1 所示为我国近 20 年来有记录的地震发生情况，可以发现总体趋势地震越发频繁。从时间分布来看（见图 3－1），我国地震发生次数在不同年份表现出显著的波动性，反映了地震活动的非线性和复杂性，其中某些年份的地震活动特别频繁，如 2003 年地震次数超过 20 次，而较低

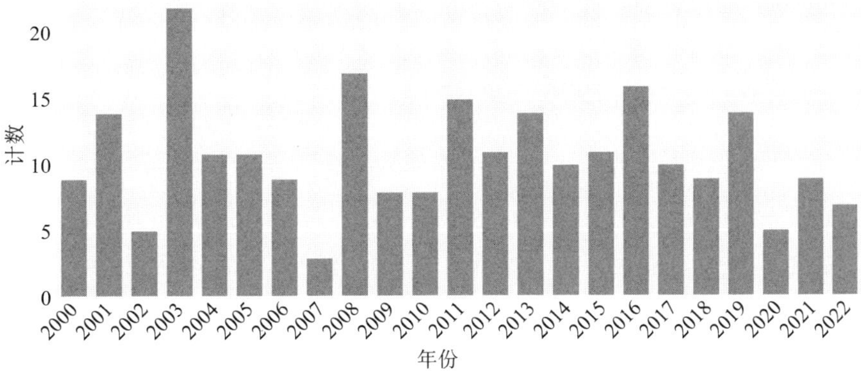

图 3－1　我国近 20 年地震发生次数柱状图

资料来源：根据《中国统计年鉴》整理所得。

活跃年份如2007年则少于5次。大多数年份地震发生次数则介于5到15次，显示出一种趋于平稳的状态。

从空间分布来看，我国41%的国土位于地震烈度Ⅶ度及Ⅶ度以上地区，Ⅵ度及Ⅵ度以上地区占国土面积的79%，我国地震活动主要分布在5个地区的23条地震带上，这些地区包括台湾省及其附近海域、西南地区、西北地区、华北地区以及东南沿海地区。台湾省及其附近海域位于环太平洋地震带，是我国两个曾发生过8级地震的地震区之一；西南地区，主要包括西藏、四川西部和云南中西部，由于印度板块向北推挤欧亚板块，形成了地震活动集中的区域；西北地区，主要在甘肃河西走廊、青海、宁夏、天山南北麓，地处欧亚板块内部的断裂带；华北地区，包括太行山两侧、汾渭河谷、阴山—燕山一带、山东中部和渤海湾，地质构造复杂，华北地震区的地震强度和频度仅次于青藏高原地震区，位居全国第二；东南沿海地区，如福建和广东等省份，除了受到环太平洋地震带的影响外，还受到菲律宾海板块的影响。

第二节　中国地震巨灾保险发展历程

中国地震巨灾保险的发展可以分为三个阶段：1996年之前、1996—2001年、2001年至今，下面从三个阶段探讨我国地震巨灾保险的发展情况。

一、第一阶段（1996年之前）

1950年中国人保颁布了《职工团体火灾保险》，这个险种是为了广大职工的利益而不以营利为目的，保费较低，指出“在保险有限期内，因失火、雷电、爆炸、地震、地陷等所造成保险财产的损失，保险公司负责赔偿”，这说明早期我国就把地震巨灾保险纳入了保险责任范围内；1951年政务院财政经济委员会公布了《财产强制保险条例》，指出了“保险财产由于火灾及燃烧、爆炸、洪水、雷电、地震、地陷、崖崩、匪盗抢劫所致的损失”，在这个条例中把地震巨灾保险纳入承保范围之内；在1958—

1979年我国地震巨灾保险中断了21年，所以我国的保险经营没有因为地震巨灾风险造成影响，但是这也给后续地震巨灾保险的运营带来了很多的潜在威胁，无法发现其存在的问题；1988年11月中国人保颁布了《企业财产保险条例》，保险责任范围第四条第二点中指出“雷击、暴风、龙卷风、暴雨、洪水、破坏性地震、地面突然塌陷、崖崩、突发性滑坡、雪灾、雹灾、冰凌、泥石流造成的财产损失，本公司负责赔偿”，再次将地震巨灾保险纳入了承保责任范围，这是在地震巨灾保险中断21年后又一次新的开端。

二、第二阶段（1996—2001年）

1996年中国人民银行印发了《财产保险基本险》《财产保险综合险》，《财产保险基本险》第七条第四点中提出“由于地震、暴雨、洪水、台风、暴风、龙卷风、雪灾、雹灾、冰凌、泥石流、崖崩、滑坡、水暖管爆裂、抢劫、盗窃造成的损失，保险人不负责赔偿”，明确指出将地震巨灾作为除外责任，表明我国不再承保地震巨灾保险。2000年，保监会下发了《关于企财险保险业务不得扩展地震保险的通知》中提到“鉴于地震风险属于巨灾风险，我国尚未建立相应的风险控制制度”“未经保监会同意。任何公司不得随意扩大保险责任，承保地震风险”，也表示了将地震巨灾列为除外责任。

三、第三阶段（2001年至今）

2001年保监会制定了《企财险扩展地震责任指导原则》，在第四条中明确指出地震巨灾只能作为企财险的附加险承保，不能作为主险单独承保，表明在2000年之后再次将地震巨灾保险纳入了承保范围，促进了地震巨灾保险的进一步发展。2013年党的十八届三中全会《中共中央关于全面深化改革若干重大问题的决定》提出“完善保险经济补偿机制，建立巨灾保险制度”，2014年《国务院关于加快发展现代保险服务业的若干意见》提出“要建立地震巨灾保险制度”，自此，我国多地开展地震巨灾保险

（见表3-1）。2015年在云南大理进行全国首个政策性农房地震巨灾保险试点，后相继在玉溪和普洱试点取得成功，并于同年在四川等地开展城乡居民住宅地震巨灾保险试点工作。2016年5月，中国原保险监督管理委员会与财政部联合发布了《城乡居民住宅地震巨灾保险制度实施方案》，标志着我国在地震巨灾保险领域迈出了重要一步。随后，同年7月1日，国内首款面向全国城乡居民住宅的地震巨灾保险产品正式推向市场，为广大居民的住宅安全提供了坚实的保险保障。2024年3月《关于扩大城乡居民住宅巨灾保险保障范围 进一步完善巨灾保险制度的通知》（简称《通知》）指出“扩展巨灾保险的运行机制、损失分层和运行保障”，充分体现了以人民为中心的中国特色巨灾保险发展方向。2024年9月11日，国务院印发《关于加强监管防范风险推动保险业高质量发展的若干意见》，指出要创新巨灾保险保障模式，扩大巨灾保险试点和保障范围。

表3-1 我国各地区地震巨灾保险开展形式

序号	地区	时间（年-月）	主要内容
1	四川省	2013-01	2013年成都率先开展地震巨灾保险工作；2015年5月，四川省作为首个以省为单位开展地震巨灾保险试点地区，发布《四川省城乡居民住房地震保险试点工作方案的通知》；2015年11月起，乐山、宜宾、绵阳、甘孜等18个市（州）加入了试点地区探索建立由各级政府补贴的城乡居民住房地震保险，保障包括地震、暴雨、洪水等自然灾害以及意外事故
2	广东省	2014-05	2014年5月，广东省深圳市签署《深圳市巨灾救助协议书》；2016年7月，广东省其他地区加入地震巨灾保险试点地区，截至2017年已有14个地区加入了试点。提供涵盖多种自然灾害及其引发的次生灾害所导致的人身伤害与房屋损坏的保障
3	浙江省宁波市	2014-11	2014年11月，宁波市正式试点公共巨灾保险制度，2018年起正式实施。保障多利自然灾害及其次生灾害造成的人身伤亡、医疗费用、家庭财产损失救助等

续表

序号	地区	时间（年－月）	主要内容
4	云南省	2015－08	2015年8月，大理市开始试点；2017年7月玉溪市开始试点。保障地震引起的农村房屋损失和人身伤害
5	河北省张家口市	2016－06	保障城乡居民住宅损失和人身伤害
6	福建省厦门市	2017－05	涵盖住房损失、人身伤害、居民家庭火灾、森林火灾以及危及社会公共安全在内的地震巨灾保险工作
7	上海市浦东区	2018－05	在该地区，由于台风、暴雨或洪水等极端天气事件，导致当地居民住房及室内财产遭受损失，或者因重大自然灾害或意外事故造成人员死亡所引发的损失，是我国唯一实施巨灾保险试点的超大城市

资料来源：根据公开资料整理所得。

第三节 国内外地震巨灾保险实践情况

一、国外地震巨灾保险实践情况

地震巨灾保险作为一种重要的风险管理工具，在全球范围内得到了广泛的应用和发展，不同国家和地区根据自身的地震风险特点和社会经济条件，建立了各具特色的地震保险制度。本节将首先介绍美国、日本和新西兰的地震巨灾保险实践情况，包括其发展历程、保险合同情况、保费收入情况以及赔付支出情况，这些国家的地震保险制度在应对地震灾害方面发挥了重要作用。在此基础上，接着介绍我国国内两种典型的地震保险模式，包括四川省城乡居民住宅地震巨灾保险和云南大理专项地震保险，这体现了中国在地震风险管理方面的积极探索，也为完善我国的地震保险制度提供了有益的参考。

（一）案例1：美国加州地震保险

在早期，美国的地震保险主要依赖于商业保险公司的市场化运作，1906年旧金山8.3级地震造成700多人死亡，直接经济损失高达5亿美元，这一事件虽然引起了人们对地震保险的关注，但并未形成系统的保险制度。1994年美国加州发生6.7级北岭大地震，造成58人死亡和超过300多亿美元的经济损失，地震灾害发生后，保险公司收到的理赔申请超过30万件，赔付金额大幅超出过去30年所收取的全部保费。这一局面导致商业保险公司经营地震保险业务面临巨大困境，众多保险公司因此陷入财务危机甚至破产，纷纷退出地震保险市场，使整个地震保险市场出现严重失衡。为了应对地震风险，1996年加州通过立法方式出台了相关法律并成立了加州地震局（CEA），专营地震保险业务，承保房屋、室内财产以及地震造成的其他必要费用。加州的地震保险模式是政府主导下的私有模式（陈凯，2011），加州地震局是具有公共部门色彩的公司化组织（林婷婷等，2019），由政府特许经营管理（董钢，2013），政府只提供政策支持，不承担连带责任。

CEA的运作模式独具创新性，其通过市场化筹资方式组建，保险公司基于自愿原则，按照自身市场份额参与入股，并承诺在极端情况下按约定比例承担相应损失，作为参与的回报，这些保险公司有权将其承保的地震保险业务分保给CEA，并可获得保费10%的销售佣金以及3.65%的营业费用。CEA与加州政府财政并无直接关联，其资金来源主要包括地震保险费，成员公司投入的资本金、借款、再保险摊回，以及资金运用收益。加州政府既不向CEA提供资金支持，也不对其债务承担连带责任。这种模式既体现了市场化的运作机制，又通过政府的特许经营和管理参与，确保了其在公共利益方面的导向性。尽管CEA的成立在一定程度上解决了地震保险的供给问题，但由于地震发生的频率较低，购买率一直偏低，到2017年CEA保单数量同比增长10%，截至目前，CEA拥有25亿美元的资本金，其偿付能力超过80亿美元，是世界上经营住宅地震保险的主要机构之一。

在美国，地震巨灾保险合同的保障范围主要涵盖房屋、室内财产以及因地震导致的额外生活费用，其中房屋的保障限额为修复和重建费用，与房屋保险金额一致；室内财产的最高保额可达 10 万美元；而地震引发的额外生活费用的最高保额为 2.5 万美元；地震保险合同还规定了免赔额，通常为损失金额的 10%—15%，但对于地震导致的额外生活费用则不设免赔额。此外，地震保险通常是房屋保险的附加险，投保人可以根据自身需求选择为家居用品、房屋以及生活必需开支等提供保障。家居用品的保险金额选择范围为 5 千美元至 10 万美元不等，而房屋保障则根据投保人的实际情况确定，未设上限。值得注意的是，所有地震保险合同均设有 10% 或 15% 的绝对免赔额。这意味着，如果投保人购买了 10 万美元的地震保险，只有在损失超过 1.5 万美元时，保险公司才会对超出部分进行赔付，免赔部分需由投保人自行承担。

美国加州地震保险的损失分摊包括了再保险市场、保险衍生品市场、巨灾风险债券和资本市场等，其中巨灾保险衍生品将巨灾风险引入资本市场，再由地震保险市场与资本市场结合，通过发行巨灾债券或保险衍生品，为传统再保险市场提供了一种创新的风险管理工具（陶正如和陶夏新，2007）。这种结合资本市场的方式，不仅拓宽了保险公司分散巨灾风险的渠道，还增强了整个保险行业的承保能力，尤其是在面对大规模自然灾害时。然而保险衍生品市场相对更加专业，其目的是为保险公司和投资者提供平台，而巨灾风险债券只是一种金融工具，债券的发行与巨灾损失相连接，资本市场则更加广泛，参与者众多。具体的赔付方式为：第一层级由 CEA 全额承担 10 亿美元以内的损失，通过自有资本、保费收入和投资收益等方式进行赔偿；第二层级由再保险公司和衍生品市场对 10 亿到 40 亿美元的损失进行不定比例的赔偿；第三层级对 40 亿到 60 亿美元的损失采用巨灾风险债券的方式将地震巨灾风险转移到资本市场上进行分散；第四层级则是将 60 亿美元以上的损失由会员保险公司进行分摊。

（二）案例 2：日本地震保险

日本位于环太平洋火山地震带上，地质构造十分不稳定，是世界上地震发生频率最高的国家之一。早在1881年，日本政府就开始了地震保险制度的研究，并提出了具体的方案，但由于各种原因，导致计划搁置。1923年，日本神奈川县发生7.9级关东大地震，死亡和失踪人数超过14万，房屋损毁达44万间，经济损失约为300亿美元，这次地震的发生使日本的地震保险制度问题再次被提上议事日程，分别于1934年、1949年、1953年和1963年四次完成了《地震保险制度纲要》《地震保险法纲要》《地震保险实施纲要》《地震保险承担纲要》，但由于种种原因，使地震保险制度仍未能落地。1964年日本发生7.5级新泻大地震造成了2000多人的伤亡，为了减少地震带来的危害，日本政府在1966年出台了《地震保险法》《地震再保险特别会计法》，这标志着日本地震保险制度的确立，主要承保直接或间接由地震、火山喷发及其引发的海啸所造成的火灾、损毁和滑坡等损失（刘瑞，2016），并成立了地震再保险株式会社（JER），为受到地震灾害的人们提供经济援助，对受损的房屋和家庭财产提供保障。在日本，地震保险体系主要涵盖住宅和商业两大类。其中，人们通常所提及的地震保险，主要是指具有政策属性的住宅地震保险。除此之外，商业性质的地震保险则主要通过商业保险市场来提供服务。

在日本的地震保险体系中，附加险形式被广泛采用，同时采取了一种“强引导”的模式，当居民购买住宅火灾保险时，保险公司会默认为其附加地震保险，除非投保人明确表示拒绝，并通过书面形式确认。尽管日本政府和相关机构通过多种方式大力推动住宅地震保险的普及，但由于该保险并非强制性，其投保率虽逐年上升，但目前仍未达到25%。自1966年首次推出以来，日本地震保险经历了1980年、1991年、1996年和2005年的四次重大修订与优化，在此过程中，保障范围不断拓展，赔付标准逐步提升，整体风险承载能力也显著增强。从发展历程来看，地震保险的主要内容包括：保险对象为住宅建筑及生活用家庭财产；赔付条件从最初的仅对全损进行赔偿，逐步细化为三个层级：全损赔付100%、半损赔付50%、部分损失赔付5%；承保限额从最初的建筑物90万日元、生活用家庭财产60万日元，发展到现在的建筑物5000万日元、生活用家庭财产1000万日元。自政府参与以来，截至 2015 年 3 月，日本共签订地震保险 1648.95 万件，全国平均家庭参保率也从 1994 年的 9.0% 上升至 2014 年的 28.8%，2011—2020 年其有效保单从 1409 万件增加到 2036 万件，投保率从 53.7% 增长到 68.3%，保费收入从 1712 亿日元增加到 3280 亿日元。

为了有效分散地震灾害风险，日本同样采取了多层次损失分摊机制，在日本地震保险的损失分摊机制中，责任分配被划分为五个层级：第一层为初始损失，当赔偿金额在 0 至 1150 亿日元时，由地震再保险株式会社（JER）独立承担；第二层为中间损失区间，当赔偿金额在 1150 亿至 11226 亿日元时，政府与直接保险公司各自承担 50% 的赔偿责任；第三层为更高损失区间，当赔偿金额在 11226 亿至 19250 亿日元时，政府与 JER 分别承担 50% 的赔偿责任；第四层为更高损失区间，当赔偿金额在 19250 亿至 37120 亿日元时，政府承担 95% 的赔偿责任，直接保险公司则承担剩余 5%；第五层为最高损失区间，当赔偿金额在 37120 亿至 55000 亿日元时，政府继续承担 95% 的赔偿责任，而 JER 负责剩余 5% 的赔偿责任。

（三）案例 3：新西兰地震保险

在 1906 年旧金山大地震及其引发的火灾之后，全球范围内的保险公司纷纷将地震及其引发的火灾排除在火灾保险的承保范围之外，这一变化导致 1931 年新西兰纳皮尔地区发生 7.9 级地震时，大部分损失未能获得保险赔偿。面对这一困境，新西兰成为全球首个提出扩大保险覆盖范围以支持灾后重建的国家。1941 年 10 月，新西兰政府借鉴英国的经验，成立了战争损害委员会；1942 年，新西兰惠灵顿及其怀拉拉帕地区遭受了一场 7.2 级的强烈地震，这场灾难造成了严重的人员伤亡和巨大的财产损失。地震过后，当地居民对地震风险保障的需求显著增加，随后，战争损害委员会更名为地震和战争损害委员会，然而，当时的地震保险是自愿参与的，结果是大多数财产并未投保。此次地震中许多建筑物遭到破坏，甚至在一年后仍未得到修复，主要原因在于业主无力承担修复所需的资金。

1944 年，新西兰国会通过了《地震与战争破坏法案》，并据此成立了地震与战争破坏委员会。该委员会作为一个政府机构，为各类财产提供地震、战争、滑坡以及其他灾害的保险服务。新西兰的地震保险以附加险的形式纳入火灾保险中，并被设定为强制性险种，居民在购买火灾保险时，需缴纳 0.05% 的保费，且所有投保人支付的保费金额相同。新西兰的房屋大多购有家庭财产商业保险，保险公司负责家庭财产地震保险保费的代收代缴，保险费根据房屋大小和用途不同以及按照房屋的价值和所在地区的地震危险度来确定。1994 年开始实施的 EQC 法案中，将地震和战争破坏委员会改名为地震委员会（EQC），由国家财政部全资重组，地震委员会成立后，正式推出了针对巨灾风险的保险服务，其保障范围涵盖了各类住宅、主要个人财产、住宅周边土地、连接住宅与街道的路面以及院墙等，承保的风险类型包括地震、山体滑坡、火山喷发、地热活动、海啸、暴风雨、洪水以及由这些灾害引发的火灾。在责任限额和保费标准方面，房屋的最高责任限额为 10 万新西兰元，室内财产的最高责任限额为 2 万新西兰元；巨灾风险保险的费率设定为 0.5%，按照这一标准，每户每年需缴纳的保险费为 60 新西兰元。截至 2010 年，其自然灾害基金已达 59.26 亿新西兰元，2011—2020 年，其保费收入从 8800 万新西兰元增加到 4.46 亿新西兰元。

新西兰地震保险的损失分担机制如下：首先，由地震委员会（EQC）负责承担损失金额在 2 亿新西兰元以内的赔偿责任，如果 EQC 的赔付能力不足，则会触发下一层级的再保险安排。新西兰的再保险安排分为三个阶段：当损失金额在 2 亿至 7.5 亿新西兰元时，再保险人承担 40% 的赔偿责任，而剩余 60% 的损失中，EQC 会继续承担 2 亿新西兰元的赔偿责任；若损失金额在 7.5 亿至 20.5 亿新西兰元，则会启动超额损失保险进行承保；一旦灾害造成的损失金额超过 20.5 亿新西兰元的上限，超出部分将由新西兰的自然灾害基金进行补偿。若基金的赔付额度仍不足以覆盖全部损失，新西兰政府将承担剩余的无限赔偿责任，确保受灾地区的重建和恢复得到充分保障。

二、国内地震巨灾保险实践情况

（一）案例1：四川城乡居民住房地震保险

2015年，《四川省城乡居民住房地震保险试点方案》（简称《试点方案》）获保监会批准，四川省正式开展在地震风险管理领域的探索，2015年11月23日，我国城乡居民住房地震保险第一个省级试点在四川省乐山市正式启动。2017年5月，《四川省城乡居民住房地震保险试点工作方案》（简称《工作方案》）提出了建立四川省地震保险基金，建立多层次风险分担机制，保费补贴机制等。地震保险的具体内容如下：

1. 在四川省及地方政府的支持下建立其地震保险基金

在《试点方案》中提出四川省地震保险基金首期由财政部门拨付2000万元（省财政和试点地区财政分别承担50%），每年财政视情况转入一定数额金额，保险公司（中国城乡居民住宅地震巨灾保险共同体成员）按年度实收保费的20%计入地震保险基金（《城乡居民住宅地震巨灾保险专项准备金管理办法》印发后修改为15%），新参加的试点市、县不再筹缴基金。基金继续实行单独立账和专项管理，当四川省出现住宅地震巨灾保险赔款超过直接保险和再保险机构承担的损失赔偿限额时，基金启动赔付程序。财政部制定的地震巨灾保险专项准备金管理办法出台之后，按照国家巨灾保险相关制度规定和保监发〔2016〕39号文件规定，建立统一的地震巨灾保险专项准备金，具体提取、积累和使用办法按照财政部门制定的管理办法执行。[①]

2. 地震保险的方案设计

四川省的城乡居民住房地震保险采用“政府引导+商业保险公司共保”的模式，由中国城乡居民住宅地震巨灾保险共同体负责具体承办。其中，中国人保财险、中华联合保险和中航安盟保险等多家公司联合参与承办地震保险业务。中国人保财险公司担任首席承保人，而中国财产再保险

---

① 四川省人民政府．四川省城乡居民住房地震保险试点工作方案［Z］．2015.4.

公司则作为再保险人提供再保险支持。

该地震保险是由投保人根据自己的意愿自愿参保的，在试点区域内，保险对象为居民自有的、用于长期居住的永久性住房，不涵盖室内外附属设施及室内财产，保险有效期为一年，期满后居民可自愿选择续保。若因地震及其72小时内引发的次生灾害导致房屋受损，地震保险将提供相应补偿，住房分为农村住房和城市住房两大类，每类住房均设有三档保险金额供居民选择：农村住房的保险金额分别为每户2万元、4万元和6万元；城市住房的保险金额分别为每户5万元、10万元和15万元，城乡居民可根据自身需求自行选择投保档次。保险费率也分为四种不同水平，赔偿标准根据保险责任范围内房屋的直接损失程度确定，分为全额补偿和按50%比例补偿两种方式。此外，各级政府将对试点地区地震保险的保费给予60%的补贴支持，对于农村散居五保户、城乡“低保”对象、贫困残疾人涉及的最低档自付保费由财政全额承担。

3. 建立多层次风险分担机制

《工作方案》延续了《试点方案》中的“直接保险—再保险—地震保险基金—政府紧急预案”的多层次风险分担机制，将地震造成的城乡居民住宅损失进行分层分担并设定年度保险赔款限额，由投保人、直保机构、再保险机构、地震保险基金、政府紧急预案等构成分担主体。

全省年度总保险赔款不高于8亿元或当年实收保费的8倍（二者以高者为准）：由直保机构和再保险机构承担。限额封顶时，全省年度总保险赔款不高于4.8亿元的部分由直保机构承担，全省年度总保险赔款高于4.8亿元、不高于8亿元的部分由再保险机构承担；保费倍数封顶时，全省年度总保险赔款不高于当年实收保费的4.8倍的部分由直保机构承担，全省年度总保险赔款高于当年实收保费的4.8倍、不高于当年实收保费的8倍由再保险机构承担。全省年度总保险赔款高于8亿元或当年实收保费的8倍（二者以高者为准）时，全额启动地震保险基金赔偿①，具体如

① 四川省人民政府．四川省城乡居民住房地震保险试点工作方案［Z］．2015.4.

表 3－2 所示。

表 3－2　　四川省城乡居民住房地震风险损失分担机制

层级	损失分担工具	责任限额	
		限额分层	保费倍数分层
第一层	投保人自留	免赔额部分	免赔额部分
第二层	原保险	4.8 亿元以下	实收保费的 4.8 倍以下
第三层	再保险	4.8 亿—8 亿元	实收保费的 4.8—8 倍
第四层	地震保险基金	8 亿元以上	实收保费的 8 倍以上

资料来源：徐伦望（2022）。

城乡居民住房地震保险自 2015 年启动以来，截至 2016 年 12 月 31 日，试点地区还增加了宜宾、绵阳和甘孜三个地区，累计承保了 75.85 万户城乡居民，保费收入达 4856.4 万元，为城乡居民提供了 197.8 亿元的风险保障，总覆盖率达 14.4%，乐山地区覆盖率接近 20%。[①] 截至 2018 年年底，四川又有 18 个市州获得了地震保险的开办资格，且有 15 个地区已经开办了地震保险的签单承保工作。自 2017 年 7 月 1 日至 2018 年 6 月 30 日，四川省城乡居民住宅地震保险累计承保 164.3 万户，累计保额 422 亿元，保费收入 7103 万元，全省 15 个市（州）合计承保覆盖面达 9.1%。[②] 城乡居民住房地震保险在保障居民财产安全和社会稳定方面起到了显著作用。

（二）案例 2：云南大理地震专项保险

2012 年 2 月，云南省地震局与保监局联合启动了《云南地震保险制度构建及实施研究》项目。2013 年 8 月，中国保监会正式批准云南开展地震保险试点。2015 年 6 月，经省政府同意，省民政厅、财政厅、住建厅、地震局及保监局联合发布《云南省大理州政策性农房地震保险试点方案》。2015 年 8 月，云南省政策性农房地震保险试点在大理州正式启动。依据试

---

① 四川省地震局．四川省城乡居民住房地震保险试点工作成绩显著［EB/OL］.［2017－01－10］. https：//www. scdzj. gov. cn/xwzx/xydt/201701/t20170110_31192. html.

② 四川省地震局．四川是如何给地震加“保险”的？［EB/OL］.［2018－11］.

点方案，在为期3年的试点期间，保险共同体将为大理州所辖的12个县（市）的82.43万户农村房屋以及356.92万大理居民提供全面风险保障，保障内容包括因5级（含）以上地震导致的农村房屋直接损失、恢复重建费用，以及居民死亡救助。根据方案，农村房屋的保险限额从2800万元到42000万元不等，震级分档以0.5级为一个档次，根据震级确定保险赔付档次；居民死亡赔偿的累计限额为每年8000万元。为最大限度保障民生，试点方案还将保险责任范围延伸至大理周边地区发生的地震，若此类地震对大理境内的农房造成损失，将根据每次地震的国家或省级灾害评估报告中大理民房地震损失占该次地震民房总损失的比例来计算赔付金额。

1. 试点方案特点

一是本项目在全国范围内首创性地构建了“三位一体”的巨灾风险管理体系。该体系以政府灾害救助为基础框架，以政策性保险为核心保障，并引入商业保险作为重要补充，实现了多层次地震巨灾风险管理需求的全面覆盖，为国家治理体系和治理能力现代化提供了有力支持。

二是大理项目将保险机制定位为社会民生工程，保费测算仅反映风险成本，未附加超额准备金，因此保费水平较低。通过保险机制，财政资金的杠杆效应被最大化，放大倍数高达15.6倍，能够有效转移和分散区域巨灾风险，减轻灾害带来的经济损失。

三是保障范围广，项目将大理州及其周边地区发生的5级及以上地震纳入主要保险责任范围，覆盖大理州所辖12个县（市）的82.43万农户和356.92万城乡居民，根据不同地震震级，农村房屋保险在年度内可获得最高42000万元的累计赔偿金，居民人身保险可获得最高8000万元的累计赔偿金。试点项目作为对云南省巨灾救助体系的有益补充，显著提升了地震灾害救助水平，将地震民房灾后重建补助标准从平均每户3.8万元提高至5.8万元，有效减轻受灾群众重建负担，增强灾后恢复能力，是一项重要的惠民工程。

四是优势融合互补，在地震保险体系设计中，充分考虑政策性地震保险的民生属性，整合现有社会抗震减灾体系资源，保险方案严格按照政府抗震减灾的相关规定和实际操作进行设计，既发挥了保险行业在风险管理方面的专业优势，又有效避免了社会资源浪费和管理冲突。同时，充分利用保险行业的自有资源，降低地震保险项目的运营成本，切实履行企业社会责任。

五是方案操作性强，方案明确规定在保险事故损失确认且提交索赔资料后的五个工作日内，保险公司必须在赔偿限额内按照保险赔偿标准足额支付保险赔款到大理州民政局指定账户，在最短时间内发挥巨灾保险经济补偿作用。

2. 理赔情况

2015 年 10 月 30 日，保山市昌宁县发生 5.1 级地震，地震波及大理州政策性农房地震保险承保区域中的永平县，造成该县民房直接经济损失 4480 余万元。地震发生后，诚泰保险公司、省州民政、地震部门以及地震保险共保办第一时间赶赴灾区现场查勘，快速完成理赔服务工作，及时支付赔款到账。2015 年 11 月 17 日，总计 753.76 万元的地震保险赔款一次性全额转入大理州民政局指定赔款账户，在恢复重建规划批复后及时拨付给永平县。这是大理州农房地震保险试点实施以来仅隔两个月发生的首单理赔。2016 年 5 月 18 日，大理州云龙县发生 5.0 级地震，境内 3 县 14 乡镇 45218 人受灾，直接经济损失 3.05 亿元，按照地震保险试点方案，保险公司及时赔付了 2800 万元，大理州将其全部用于云龙地震灾后民房恢复重建，重建民房 870 户、修复加固 6250 户（白涌和丁艳琴，2017）。

在试点阶段结束后，为持续发挥政策性农房地震保险在综合减灾工作中的关键作用，大理州于 2019 年 8 月和 2020 年 8 月分别签署了政策性农房地震保险协议，2021 年 8 月，大理州按照既定程序，与云南诚泰保险公司签订了为期三年的政策性农房地震保险协议。此次协议新增了对在大理州境内参与震后应急救援及保险勘察理赔工作时因公殉职的应急救援和保险工作人员的理赔条款，每人保险死亡赔偿金额为 20 万元人民币，进一步强化了对应急救援人员伤亡的保障机制。

从大理州开展政策性农房地震保险试点以来，先后遭受2015年保山昌宁“10·30”5.1级地震、2016年云龙“5·18”5.0级地震、2017年漾濞“3·27”5.1级地震、2018年通海“8·13”5.0级地震、2018年墨江“9·8”5.9级地震、2021年漾濞“5·21”6.4级地震和2023年隆阳“5·2”5.2级地震，据统计（见表3－3），7次地震总计获赔12190.193万元，全部用于民房恢复重建以及灾区统规统建点和统规自建点基础设施建设，有效降低灾区政府和群众负担，为特困地区及深度贫困群众脱贫攻坚提供了强有力的资金助力。①

表3－3　　云南省地震震级指数赔付统计（部分数据）

地震区域	出险时间	震级	民房损失（万元）	保险赔款（万元）	赔款损失比	理赔时效	受益农户	
							重建房屋（户）	修缮房屋（户）
保山昌宁	2015年10月30日	5.1级	4480	753.76	16.83%	9个工作日	327	626
大理云龙	2016年5月18日	5.0级	9600	2800	29.17%	3个工作日	870	6250
大理漾濞	2017年3月27日	5.1级	13790	2800	20.30%	32小时	876	6100
玉溪通海	2018年8月13日	5.0级	41650	1600	3.84%	32小时	6425	2383
普洱墨江	2018年9月8日	5.9级	510	16.129	3.16%	10个工作日	49	
大理漾濞	2021年5月21日	6.4级	205981.92	4000	1.94%	22小时	2411	32168
保山隆阳	2023年5月2日	5.2级	17130	220.304	6.54%	10个工作日	3	432
地震赔付合计（万元）				12190.193				

数据来源：诚泰财产保险股份有限公司。

① 大理州人民政府．我州政策性农房地震保险完成新一轮投保［EB/OL］．［2021－08－10］．

第四章　地震灾害频率统计模型

第一节　地震灾害频率统计特征

本节主要研究破坏性地震的统计特征，即中强震及以上等级地震的发生情况。根据中国地震信息网的数据显示，1500—2016 年我国共发生了近 6000 次破坏性地震，年平均发生 11 次。然而，我国地震发生频率在过去的 517 年间并不是平稳的，图 4 - 1 给出了我国地震年发生频率，其中，图 4 - 1（a）为 1500—2016 年地震年发生频率，从该图可以看出 1500—1900 年地震发生频率较小，且较为平稳；1900 年之后地震发生频率明显发生变化，呈现增加的趋势，且存在极端值。由于 1900 年以前的地震灾害规律与现在相差较大，为了得到当前地震灾害发生统计规律的更为合理的估计，接下来主要基于 1900—2016 年的数据对地震发生规律进行分析。1900—2016 年的地震发生频率可参见图 4 - 1（b）。表 4 - 1 给出了两个时间段（1500—1900 年，1900—2016 年）地震年发生频率的基本统计量，由该表可以得到相同的结论，即 1500—1900 年地震发生频率的均值为 1.81，方差为 2.62，最小值为 0，最大值为 9，表明该组数据较为平稳，变异性不大；1900—2016 年地震年发生频率的均值为 44.31，方差为 1122.7，最小值为 2，最大值为 191，方差是均值的 25 倍多，数据明显存在过离散问题。

另外，根据图 4 - 1（b）可知，1900 年以后，地震年发生频率先逐渐增加，然后再趋于稳定，由此可以进一步把这段时间分成两个时间段分别

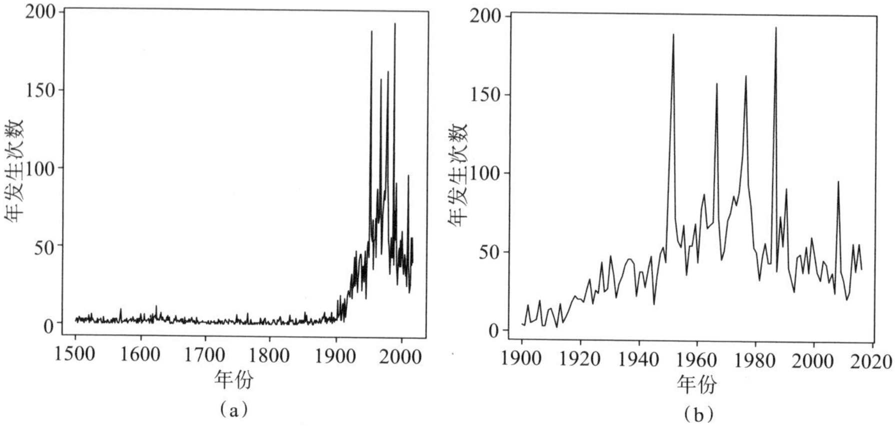

图 4-1　1500—2016 年中国 4.5 级以上地震频率

表 4-1　地震年发生频率描述性统计量

时间区间	均值	方差	最小值	最大值
1500—1900 年	1.81	2.62	0	9
1900—2016 年	44.31	1122.7	2	191

讨论，1900—1949 年为第一时间段，1950—2016 年为第二时间段。这两个时间段的地震发生频率由图 4-2 给出，其中，图 4-2（a）为第一时间段（1900—1949 年），图 4-2（b）为第二时间段（1950—2016 年）。由图 4-2（a）发现，1900—1949 年，地震年发生频率呈现明显的递增趋势，有必要进行时间序列分析。通过初步的平稳性检验，1900—1949 年的地震发生频率确实是不平稳的，存在时间趋势，即在这段时间内 4.5 级及以上地震发生的频率是逐年递增的。进一步经过 ADF 以及 PADF 等图形检验和判断，可用自回归积分滑动平均模型 ARIMA（2，1，1）对这段区间的地震频率进行分析，即做 1 次差分后的自回归滑动平均模型 ARMA（2，1）。通过检验，ARIMA（2，1，1）拟合这一期间地震频率的残差是稳定的，且为白噪声系列，可以用该时间序列模型来拟合这组地震频率。模型的拟合效果在图 4-3 中给出，由该图也可以看出，模型的拟合效果较好，用来评估该段时间的地震频率是合适的。

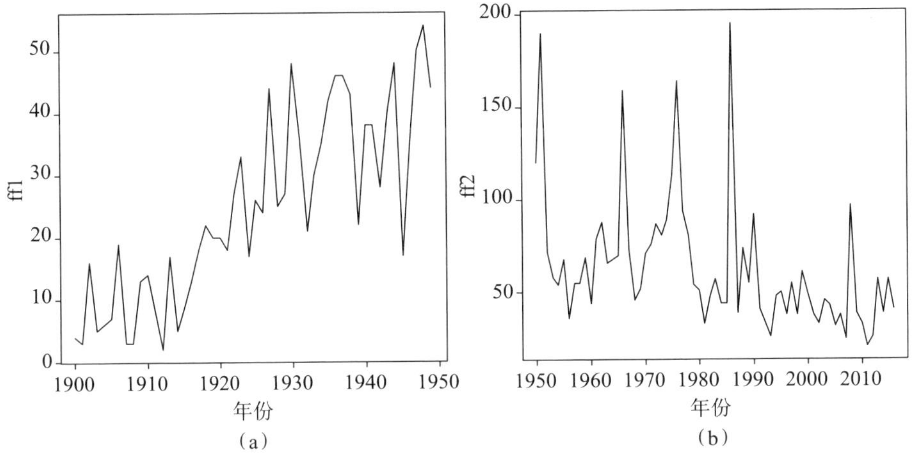

图 4-2　1900—1949 年以及 1950—2016 年 4.5 级及以上地震年发生频率

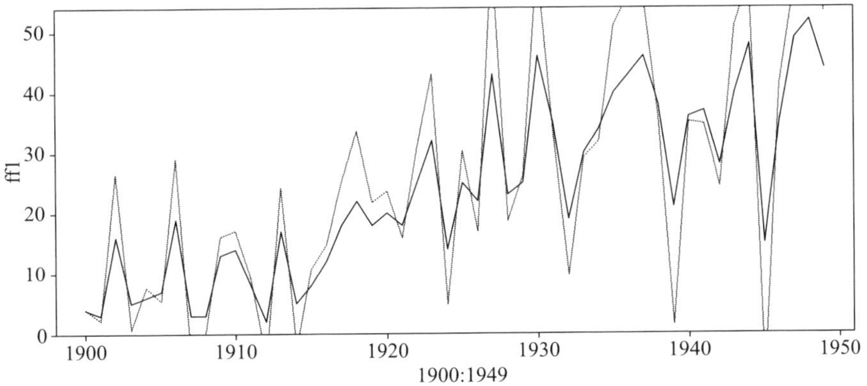

图 4-3　ARIMA（2，1，1）对地震频率的拟合图

图 4-2（b）给出了 1950—2016 年的地震年发生频率，由该图发现，该段时间地震年发生频率波动较大，数据较为离散，且存在一些极端值，最高为 1986 年，发生了 191 次 4.5 级及以上地震。该组数据的主要描述性统计在表 4-2 中给出，由该表可以发现，地震年发生频率的均值为 59.67，方差为 1254.042，是均值的 20 多倍；最小值为 13，最大值为 191，组距为 178。由此可以看出，该组数据存在离散程度大、数据取值大等特点。常见的损失次数模型，包括 Poisson 分布、二项分布等将不适合用于分析该组数据。对于过离散数据，很多学者提出可以用混合分布来进行分

析，包括混合泊松分布、混合二项分布等，下面将分别讨论各种混合分布及其贝叶斯统计推断方法，并将其用于分析地震灾害发生规律。

表 4-2　　1950—2016 年地震年发生频率描述性统计量

均值	方差	最小值	最大值
59.67	1254.042	13	191

第二节　混合分布模型及其贝叶斯统计推断

混合分布模型是分析过离散数据最主要的方法，在精算中，当观测数据的方差显著大于期望，即存在过离散时，有必要采用混合模型对该组样本数据进行分析。混合分布的具体定义为：当一个分布的函数 $F(\cdot)$ 可以写成如下形式时，该分布称为混合分布。

$$F(\cdot) = \int_{\Theta} F(\cdot \mid \theta) dG(\theta) \tag{4-1}$$

其中，$F(\cdot \mid \theta)$ 表示参数为 θ 的复合分布，参数 θ 的分布为 $G(\theta)$，$\theta \in \Theta$。上述定义还可以用密度函数表示如下：

$$f(\cdot) = \int_{\Theta} f(\cdot \mid \theta) g(\theta) d\theta \tag{4-2}$$

其中，$g(\theta)$ 也称为混合密度函数，该密度函数可以是连续的，也可以是取有限个值的离散型分布，当 θ 可能取值为 k 个时，该混合分布称为 k - 有限混合分布。

有限混合模型被广泛应用于许多领域，包括行为学、医学、经济学和环境科学。它们被用于模拟异质性、处理异常值（Pettit 和 Smith，1985）和密度估计（Roeder 和 Wasserman，1997）。Titterington. et al.（1985）回顾了截至 1985 年以来混合模型的应用领域。近年来，由于计算技术的发展，消除了混合模型应用方面的困难，使混合模型得到了更为广泛的应用，如数据建模、判别分析、聚类分析、异常值—稳健性研究、方差分析模型、核密度估计、潜在结构模型、经验贝叶斯估计、贝叶斯统计等。根据样本数据的基本统计分析，混合模型适用于分析地震灾害频率。同时，由于贝叶斯方法应用较为方便，且在小样本的情况下可以获得较为稳定的估计结果，将采用贝叶斯统计方法获得混合分布的参数估计。下面将具体讨论不同混合模型及其贝叶斯统计估计方法。

一、混合二项分布

二项分布是分析损失次数常用的理论分布，但通常是分析同质事件损失次数的理论分布。对于过离散数据，二项分布将不再适用。为了解决该问题，可以考虑混合二项分布。式（4-1）中，当 $F(\cdot|\theta)$ 为二项分布时，该混合分布即为混合二项分布，其具体定义如下：假设随机变量 $y\sim B(N,p)$，则 y 的分布列为：$P(y=y_i)=\int_{\theta\in\Theta}f(y|\theta)g(\theta)d\theta$，其中，$\theta=(N,p)$，$f(y|\theta)=\begin{pmatrix}N\\y_i\end{pmatrix}p^{y_i}(1-p)^{N-y_i}$，$g(\theta)$ 为结构函数或混合密度函数，不同的结构函数将构成不同的混合分布。在 N 已知时，Richards（2008）提出了 Beta－二项混合分布，即假设 $g(p)$ 为 Beta 分布的密度函数，该模型可以通过极大似然估计得到参数 p 的估计。然而，由于该概率函数较为复杂，在极大似然估计过程中需要引入潜变量，并采用 MCMC 算法得到参数的估计。对于混合模型，还有一种较为简单的方法来获得其估计方法，即将上述模型改写为分层模型，并基于 Bayes 方法，可以直接通过 WinBUGS 软件得到参数的估计。由于上述混合模型考虑的是 N 已知的情况，现实中很多时候 N 是未知的。很多学者也研究了 N 未知时的混合模型及其贝叶斯参数估计，最早的研究是有 Draper 和 Guttman（1971）提出的，若随机变量 y 服从二项分布 $B(N, p)$，Draper 和 Guttman（1971）假定参数 N 的先验分布为有上界的均匀分布，而参数 p 的先验分布为 Beta 分布（即上述的 Beta－二项混合分布），且 N 和 p 的先验分布相互独立，这种先验分布称为 D－G 先验分布；Blumenthal 和 Dahiyn（1981）采用了该先验分布，并基于 (N,p) 后验分布的众数作为参数 N 的贝叶斯估计。但很多学者也指出该方法存在缺陷，因此，Raftery（1988）提出了基于分级模型（Hierarchical model）的方法寻找先验分布。根据 Raftery（1988）的讨论，由于 N 为损失次数，可以假设 $N \sim Poisson(\mu)$，则 y 的边际分布为 Poisson 分布，参数为$\lambda=\mu p$。贝叶斯方法中，最重要的一个问题便是先验分布的选取。在该模型中，基于过去的经验数据构造 λ（可以看成是观测数据的期望）的先验分布要比构造 μ(N 的期望）的先验分布简单，Raftery（1988）提出该模型可以通过构造(λ,p)的先验分布来得到参数的贝叶斯统计推断。将该模型表示为分层模型可得：

$$
\begin{gathered}
(y \mid N,p) \sim B(N,p), \\
N \sim Poisson(\mu), \\
\lambda=\mu p, \\
f(\lambda) \propto 1/\lambda, \\
p \sim U(0,1)。
\end{gathered}
\tag{4-3}
$$

其中，$B(N,p)$表示参数为 N,p 的二项分布；$Poisson(\mu)$表示参数为 μ 的 Poisson 分布；$f(\lambda)\propto 1/\lambda$ 表示 λ 选取无信息先验分布；p 的先验分布选取为均匀分布 $U(0,1)$，该模型记为 M_0。在该模型假设下，随机变量 y 的期望和方差为：

$$E(y)=E(E(y \mid N))=E(Np)=\mu p=\lambda, \tag{4-4}$$

$$Var(y)=E(var(y \mid N))+var(E(y \mid N))=2\mu p-\mu p^2=2\lambda-\lambda p。 \tag{4-5}$$

该模型可以直接通过 WinBUGS 软件获得参数(μ,p)的估计。

二、混合泊松分布

除了上述混合二项分布外，混合泊松分布也是分析过离散数据的主要模型。且在分析过离散数据时，混合泊松分布较混合二项分布更为合适。在式（4-1）中，当 $F(\cdot)$为泊松分布时，该混合模型为混合泊松分布，其具体定义如下，假设 $y \mid \lambda \sim poisson(\lambda)$，且 λ 具有结构函数（混合密度函数）$g(\lambda)$时，y 的分布即为混合泊松分布，其分布列为：

$$P(y=y_i)=\int_{\lambda=0}^{\infty}\frac{e^{-\lambda}\lambda^{y_i}}{y_i!}g(\lambda)d\lambda \tag{4-6}$$

其中，结构函数 $g(\lambda)$ 可以有不同的选择，可以是离散的或者是连续的。当 λ 的可能取值为有限个，如 k 个时，称该混合模型为 k - 有限混合泊松分布，这时 λ 的可能取值有 k 个，$\lambda_1,\cdots,\lambda_k$，则 $g(\lambda)$ 为离散型分布。若 λ 的可能取值为连续的，则 $g(\lambda)$ 为连续型分布，不同的结构函数可以得到不同的混合结构。当 $g(\lambda)$ 为 Gamma 分布时，混合分布为泊松—伽马混合结构，且 y 的边际分布为负二项分布；当 $g(\lambda)$ 为对数正态分布时，混合分布为泊松—对数正态混合结构；当 $g(\lambda)$ 为逆高斯分布时，混合分布为泊松—逆高斯混合结构；除此之外还有广义泊松分布等。混合分布的尾部由结构函数的尾部决定，即结构函数的尾部越厚，混合泊松分布的尾部将会越长。上述几种结构中，泊松—对数正态分布的尾部最长，泊松—逆高斯次之，负二项（泊松—伽马）相对最短，有限混合泊松分布的方差大于均值，即与泊松分布相比允许异质性情况的存在。上述几种混合分布中，有限混合泊松分布、泊松—伽马结构以及泊松—对数正态分布较为常用，本节将主要讨论此三种混合结构。

（一）模型 M_1：k - 有限混合泊松分布

一般来说，k - 有限混合模型（Redner 和 Walker，1984；Titterington. et al.，1985）指样本数据来自 k 个总体，概率密度函数分别为 $\{f_k, k=1,\cdots,K\}$，混合比例为 $\{\pi_k, k=1,\cdots,K\}$。正如前面的讨论，混合模型的估计方法很多，极大似然估计法以、贝叶斯方法等。然而，当 k 未知时，在检验组数时，极大似然法就遇到了严重的困难，为了处理涉及似然比检验的问题，许多学者也提出了一些 Bootstrap 方法（Feng 和 McCulloch，1996；McLachlan，1987）。然而，正如 Richardson 和 Green（1997）所指出的那样，贝叶斯模式特别适用于分析具有未知 k 的混合模型。下面，基于分析的地震灾害次数，将进一步讨论混合泊松分布模型及其贝叶斯统计推断。

假设随机变量（损失次数）y 具有如下概率函数：

$$p(y = y_i \mid \theta) = \sum_{k=1}^{K} \pi_k p(y = y_i \mid \lambda_k) \tag{4-7}$$

其中，k 为给定值，$\pi = (\pi_1, \cdots, \pi_K)$ 为混合比例，且 $\pi_k \in (0,1)$，

$\sum_{k=1}^{K}\pi_k = 1$。其中，$\Lambda=(\lambda_1,\cdots,\lambda_K)$，$p(=y_i|\lambda_k)$表示参数为$\lambda_k$的泊松分布概率函数，则模型中的未知参数为$\theta=(\Lambda,\pi)$。由于混合模型不能识别$\lambda_k$的变化，为了使混合模型可识别，将采用 Roeder 和 Wasserman（1997）以及 Zhu 和 Lee（2001）等提出的次序限定，即假定$\lambda_1<\lambda_1<\cdots<\lambda_K$，以此来解决标签的跳跃问题。为了获得未知参数的估计，引入潜在分组标签变量$w_i(i=1,\cdots,n)$，如果$w_i=k$，则表明y_i来自第k组，且$p(w_i=k)=\pi_k$。

在贝叶斯估计中，参数的估计一般是基于后验分布的条件期望所获得。因此，为了获得参数的贝叶斯估计需要指定先验分布。本节中，基于参数的性质以及该类型混合模型的常用方法（Lee 等，2007），将指定如下的先验分布：

$$\begin{aligned}&\pi=(\pi_1,\pi_2)\sim D(a),\\&\lambda_k\sim gamma(\alpha_k,\beta_k),k=1,\cdots,K。\end{aligned}\tag{4-8}$$

其中，$D(\cdot)$表示 Dirichlet 分布，其概率密度函数为$p(\pi)=\frac{\Gamma(Ka)}{\Gamma(a)^K}\pi_1^a\cdots\pi_K^a$，

$\Gamma(\cdot)$为伽马函数；$gamma(\alpha_k,\beta_k)$表示伽马分布函数，其中，$a,\alpha_k,\beta_k,k=1,\cdots,K$为预先给定的超参数。假设$Y=(y_1,\cdots,y_n)$，$W=(w_1,\cdots,w_n)$，则

$$\begin{aligned}p(\theta|W,Y)&=p(\pi,\Lambda|W,Y)\\&\propto p(\pi)p(\Lambda)p(W,Y|\pi,\Lambda)\\&\propto p(\pi)p(\Lambda)p(W|\pi)p(Y|W,\Lambda)\\&=(p(\pi)p(W|\pi))(p(\Lambda)p(Y|W,\Lambda))\\&=\left(p(\pi)\prod_{k=1}^{K}p(w_i|\pi)\right)\left(p(\Lambda)\prod_{i=1}^{n}p(y_i|w_i,\lambda_{w_i})\right)。\end{aligned}\tag{4-9}$$

由此可以看出，参数π和Λ的后验估计可以分别获得。其中，π的后验分布为：

$$p(\pi|\cdot)\propto p(\pi)p(W|\pi)=\prod_{k=1}^{K}\pi_k^{n_k+a}\tag{4-10}$$

其中，n_k 为 $w_i=k$ 的个数，因此 π 的后验分布为 Dirichlet 分布 $D(a+n_1,\cdots,a+n_K)$。由此，参数估计的具体过程如下：给定初始值 $\pi^{(0)}$，则第 $t+1(t=0,1,\cdots)$ 步的抽样方法为：

Step 1：从多项分布 $M(\pi^{(t)})$ 抽取分组标签变量 $W^{(t+1)}$；

Step 2：从后验分布 $p(\Lambda|Y,W^{(t+1)})$ 抽取随机变量 $\Lambda^{(t+1)}$；

Step 3：从后验分布 $p(\pi|W^{(t+1)})$ 抽取随机变量 $\pi^{(t+1)}$。

该抽样过程可以由 WinBUGS 软件直接运行并得到参数的贝叶斯估计，该模型记为 M_1。在该模型假设下，随机变量 y 的期望和方差为：

$$E(y)=E(\lambda)=\sum_{k=1}^{K}\pi_k\lambda_k \tag{4-11}$$

$$Var(y)=E(\lambda)+var(\lambda)=\sum_{k=1}^{K}\pi_k\lambda_k+\sum_{k=1}^{K}\pi_k(\lambda_k-\pi\overline{\lambda})^2 \tag{4-12}$$

（二）模型 M_2：泊松—伽马混合结构

前面介绍的 k - 有限混合泊松分布相当于式（4-1）中的结构函数 $G(\cdot)$（或 $g(\cdot)$）为离散结构。在精算中，处理异质性问题有多种结构函数，除了上述离散结构，还有连续结构。在连续结构中，伽马结构是最为常见的一种分布结构，在结构函数为伽马分布函数时，该混合结构称为泊松—伽马混合结构。下面将具体讨论该混合结构的构成及其贝叶斯参数估计。

在泊松—伽马混合结构下，假设 $\lambda\sim Gamma(\alpha,\beta)$，则 y 的分布列为：

$$P(y=y_i)=\int_{\lambda=0}^{\infty}g(\lambda)\frac{e^{-\lambda}\lambda^{y_i}}{y_i!}d\lambda \tag{4-13}$$

其中，$g(\lambda)=\dfrac{\beta^{\alpha}x^{\alpha-1}e^{-\beta x}}{\Gamma(\alpha)}$。可以证明，该边际分布为负二项分布。该模型改为分层模型可以表示如下：

$$y\sim poisson(\lambda),\ \lambda\sim Gamma(a,\beta) \tag{4-14}$$

该模型记为 M_2。在贝叶斯估计中，λ 将被视为潜在变量，由 MCMC 抽样获得。另外，为了获取该模型中参数(α,β)的估计，需要给定参数的先验分布，根据伽马分布参数的特征（均大于 0），在无信息先验的情况下可以选择均匀分布，或者是其他定义域为正数的分布，若(α,β)的先验分布

为 $\pi(\alpha,\beta)$，则其后验分布为：

$$\pi(\alpha,\beta \mid y) \propto f(y \mid \alpha,\beta)\pi(\alpha,\beta) = \pi(\alpha,\beta)\int_{\lambda \in \Lambda} f(y \mid \lambda) g(\lambda \mid \alpha,\beta) d\lambda \tag{4-15}$$

参数 (α,β) 的贝叶斯估计由其后验均值得到，且可以较为方便地从 WinBUS 获得该模型参数的贝叶斯估计。在该模型假设下，随机变量 y 的期望和方差分别为：

$$E(y) = \frac{\alpha}{\beta} \tag{4-16}$$

$$Var(y) = \frac{\alpha}{\beta} + \frac{\alpha}{\beta^2} \tag{4-17}$$

（三）模型 M_3：泊松—对数正态分布

结构函数的形状通常会影响混合分布的性状，特别是尾部的情况。一般来讲，结构函数的尾部越长，则混合分布的尾部越长。与伽马分布相比，对数正态分布的尾部更长。因此，泊松—对数正态分布将比混合伽马—泊松分布的尾部长。在存在较大的异常值时，泊松—对数正态分布将能得到更为准确的尾部拟合。下面将具体讨论泊松—对数正态分布。同样，假设 y 为离散型随机变量（如索赔次数、灾害次数等），且来自参数为 λ 的泊松分布。由于风险非异质性的存在，λ 也是随机变量，且其结构函数为对数正态分布 $LN(\mu,\sigma^2)$，则 y 的分布列为：

$$P(y = y_i) = \int_{\lambda=0}^{\infty} g(\lambda) \frac{e^{-\lambda}\lambda^{y_i}}{y_i!} d\lambda \tag{4-18}$$

其中，$g(\lambda) = \frac{1}{\lambda\sigma\sqrt{2\pi}} \exp\left\{-\frac{(\ln\lambda - \mu)^2}{2\sigma^2}\right\}$，上述积分无法直接得到，即无法直接得到 y 的具体分布，很难用极大似然方法得到参数 (μ,σ^2) 的估计。因此，将探讨该混合模型的贝叶斯估计。为了讨论贝叶斯估计方法，先将上述混合模型改写为如下分层模型：

$$y \sim poisson(\lambda), \lambda \sim LN(\mu,\sigma^2) \tag{4-19}$$

其中，未知参数为 (μ,σ^2)，即对数正态分布的参数。为了获得参数的贝叶斯估计，需要指定合适的先验分布。很多学者都讨论过对数正态分布的贝叶斯估计参数估计问题。其中，Zellner（1971）提出了对数正态分布和对数正态回归的贝叶斯和非贝叶斯分析方法，他们指出在选取无信息先验时，即 $\pi(\mu,\sigma)\propto 1/\sigma$ 时有如下结论：已知 σ 时，μ 的条件后验分布为均值为 $\bar{y}$，方差为 σ^2/n 的正态分布；μ 的边际后验分布为 Student t 分布形式，且当 $v>1(v=n-1)$时，均值为 $\bar{y}$，当 $v>2$ 时，方差为 $v(v-2)s^2/n$。Martín 和 Pérez（2009）研究了广义对数正态分布的贝叶斯统计分析，同时他们提出了无信息先验方法和信息先验方法。其中，无信息先验方法与 Zellner（1971）相同，指定对数正态分布参数的先验分布：

$$\pi(\mu)\propto 1,\pi(\sigma)\propto \frac{1}{\sigma} \tag{4-20}$$

信息先验方法中，根据各参数的具体特征指定如下先验分布：

$$\pi(\mu)\propto p(\mu),\ -\infty<\mu<+\infty\pi(\sigma)\propto \sigma^{-(a_0+1)}e^{-b_0/\sigma},\sigma>0 \tag{4-21}$$

其中，a_0,b_0 为超参数。当 $p(\mu)$ 为常数，且 $a_0=b_0=0$ 时，信息先验分布与无信息先验相同。Martín 和 Pérez（2009）指出在信息先验方法中，参数估计的结果与超参数相关，要获得较好的估计需要选取较为合适的超参数。因此，将选择无信息先验方法指定结构函数参数的先验分布，该模型记为 M_3。在该模型假设下，

$$E(y)=\exp(\mu+\frac{\sigma^2}{2}) \tag{4-22}$$

$$Var(y)=\mu+[\exp(\sigma^2)-1]\exp(2\mu+\sigma^2) \tag{4-23}$$

（四）模型 M_4：零膨胀混合模型

根据初步的统计分析，大地震（7 级以上）发生的概率很小，表 4-3 给出了 1900 年之后我国大地震发生频率的简单统计表，根据该表可以发现 1900—2016 年，大地震年发生次数最大为 6，频率为 0.86%；最小次数为 0，发生了 50 次，频率为 42.74%。由此可以发现，该组样本数据中有较多的 0，标准的分布模型将不适用于分析该组样本。为了解决这种情况，需要引入零膨胀模型（Zero Inflated Distributed Model，ZID）。ZID 由取值为零的退化分布和其他标准分布构成。其中，零膨胀泊松分布模型（Zero -

inflated Poisson, ZIP)(Lambert, 1992; Hall, 2000)是最常用的分析计数数据的零膨胀模型，被广泛应用于分析制造业（Lambert, 1992）、动物学(Zipkin et al. , 2014)、犯罪学（Famoye 和 Singh, 2006）以及非寿险精算学（孟生旺和王维，2011）等。同时，为了研究数据中存在的过离散问题，通常需要引入零膨胀负二项分布模型（Zero – inflated Negative Binomial, ZINB)，零膨胀几何分布模型（Zero – Inflated Geometric, ZIG）是其中的特例（Pandya et al. , 2012)。

表 4 – 3　　1900—2016 年中国 7 级以上地震年发生次数统计

年发生次数	频数	频率（%）
0	50	0. 4274
1	31	0. 265
2	22	0. 188
3	11	0. 094
4	1	0. 0086
6	2	0. 0171

零膨胀模型的构造方式有多种，将采用如下的方式，令：

$$Pr(Y=y|\Theta=\theta)=\begin{cases}I_{\{\theta\}}(y), & \theta=0\\ p(y|\theta), & \theta>0\end{cases} \tag{4-24}$$

其中，$I_{\{\theta\}}(y)$表示退化为零的分布，$p(y|\theta)$为 θ 已知时，Y 的条件分布。则过离散模型可以定义如下：

$$p(y)=Pr(Y=y)=\int_0^{\infty}Pr(Y=y|\theta)dP(\theta) \tag{4-25}$$

其中，P 为关于 θ 的离散或者连续测度函数。在零膨胀模型中，该测度可以表示为 θ 的离散混合结构，具体如表 4 – 4 所示。

表 4 – 4　　θ 的离散混合结构

Θ	P
0	P
θ	$1-p$

在上述混合结构下，零膨胀模型可以表示如下：

$$P(y|\theta,p) = pI_{\{0\}}(y) + (1-p)P(y|\theta) \tag{4-26}$$

其中，$p(y|\theta)$可以根据需要选取不同的分布，若为泊松分布，则该模型为零膨胀泊松分布模型；若为负二项分布，则该模型为零膨胀负二项分布模型。由于极大似然估计在样本量较大的时候才能获得较为稳健的估计结果，本书将采用贝叶斯方法来获取参数的估计。

假设 $y=(y_1,\cdots,y_n)$为来自 ZID 的样本向量，为了获得似然函数，令 $A=\{y_i:y_i=0,i=1,\cdots,n\}$表示样本中取零的集合，$m=\#(A)$为取零的样本个数，则似然函数为$L(\theta,p)=[p+(1-p)p(0|\theta)]^m(1-p)^{n-m}\prod_{y_i \cdots A}p(y_i|\theta)$。

其中，A 中的元素可能来自两个不同的分布，退化分布或者是来自 $p(0)$，这种情况通常可以引入潜在指示变量 I_i：如果 y_i 来自零退化分布，则 $I_i=1$；否则 $I_i=0$。该潜在指示变量的分布可以表示如下：

$$I_i = \begin{cases} 1 & P(\theta,p) \\ 0 & 1-P(\theta,p) \end{cases} \tag{4-27}$$

其中，$P(\theta,p)=\dfrac{p}{p+(1-p)P(0|\theta)}$。令 $D=(Y,I)$为完全样本，则在获得完全样本后，似然函数为：

$$L(\theta,p \mid D) = p^s(1-p)^{n-s}p(0 \mid \theta)^s \prod_{y_i \notin A} p(y_i \mid \theta) \tag{4-28}$$

其中，$s=\sum_{i=1}^{n} I_i \sim Bin(m,P(\theta,p))$。假设先验分布为$\pi(\theta,p)$，则联合后验分布为：

$$\pi(\theta,p|D) \propto L(\theta,p|D)\pi(\theta,p) \tag{4-29}$$

参数的贝叶斯估计为后验均值，在无法直接得到后验均值时通过 MCMC 算法得到参数的贝叶斯估计。其中，指示变量 I 通常被当成潜在变量，在贝叶斯估计中通过 MCMC 算法抽样进行补充。另外，不同的零膨胀模型参数不同，需要指定不同的先验分布。在后面的实际应用中，根据数据的不同情况，将采用不同的零膨胀模型进行分析，并具体探讨先验分布及贝叶斯估计。

第三节　中国地震灾害频率的统计分布

一、破坏性地震

根据第一节的讨论，我国破坏性地震发生频率变化较大，主要分为三个时期：第一个时期是1900年以前，该段时期地震发生频率较小，且较为稳定；第二个时期是1900—1949年，破坏性地震发生的频率具有明显的时间趋势；第三个时期是1950年至今，地震发生频率趋于稳定，将基于1950—2016年地震灾害数据进行分析，对未来地震灾害规律进行推测。对样本数据进行初步的基本统计分析可得如下基本统计量（见表4-5）。

表4-5　基本统计量

最小值	最大值	中位数	均值	方差	标准差
2	191	44.31	55	1122.698	33.51

从上述统计量可以发现，该组样本数据最小值为2，最大值为191，均值为55，方差为1122.698，存在明显的过离散问题，即不能用标准的损失分布进行拟合，需要考虑混合分布模型。首先，基于由式（4-3）定义的混合二项分布 M_0 分析该组样本数据。根据WinBUGS软件、参数估计值及标准差如表4-6所示，由该估计值可进一步得到我国破坏性地震年发生频率的期望为62.25次，方差为78.67155，方差大于均值。然而，由该模型得到的方差远小于样本方差，说明模型的离散程度小于样本数据的离散程度，该模型无法刻画样本数据的过离散问题。

为了进一步比较模型的拟合情况，图4-4给出了模型的分布函数图与样本数据经验分布函数图的对比。其中，分段函数表示经验分布函数，实线表示拟合的理论分布的分布函数。从该图可以看出，用混合二项分布拟合的效果不好，主要问题还是在于混合二项分布的离散程度较小，其分布主要集中在中部，即30—90区间；而经验分布函数则较为离散，观测数据分布在 0—200 区间。混合二项分布与二项分布相比虽然在离散程度方面有所提升，但拟合效果较差，特别是尾部。因此，混合二项分布不能用于分析该组样本数据。

表 4-6　混合二项分布参数的贝叶斯统计推断

参数	估计值	标准差
λ	62.25	8.024
p	0.7362	0.04

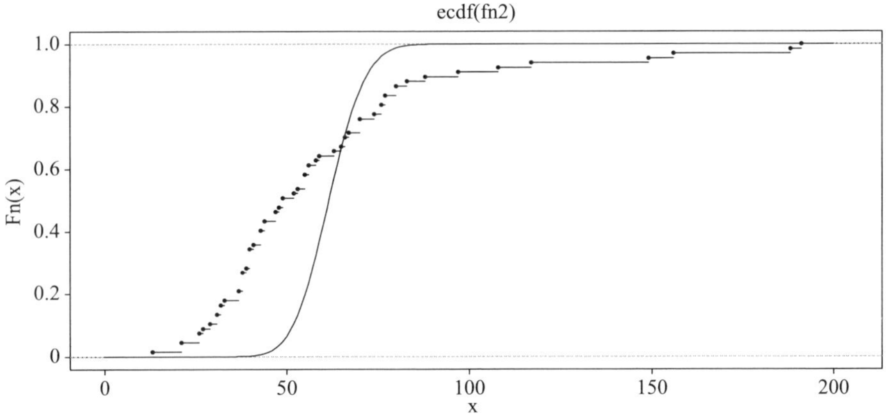

图 4-4　混合二项分布拟合

根据前面的讨论，混合二项分布拟合数据时效果不好，不能捕捉数据的离散程度，接下来将考虑混合泊松分布。根据第二节的讨论，结构函数不同可以得到不同的混合泊松分布模型。下面分别用前面讨论过的 3 个模型：有限混合泊松分布模型（M_1）、泊松—伽马分布模型（M_2）（等价于负二项分布）以及泊松—对数正态分布模型（M_3）对该组数据进行分析。三个模型的贝叶斯参数估计均可通过 WinBUGS 软件获得，参数估计的结果在表 4-7 中给出。由该表可得，用有限混合泊松分布（$k=2$）进行拟合时，参数估计分别为：$\pi_1=0.7093$，$\pi_2=0.2907$；$\lambda_1=43.28$，$\lambda_2=98.65$，即有 70.93% 的观测值来自泊松分布 Poisson（43.28），29.07% 的观测值来自泊松分布 Poisson（98.65），在上述估计结果下，地震发生频率的期望为

59.37606，方差为691.5317；在泊松—伽马分布情况下，参数的估计为：$\alpha=4.334$，$\beta=0.07277$，由此可得地震发生频率的期望为59.55751，方差为877.9924；在泊松—对数正态分布情况下，结构函数的参数估计为：$\mu=3.965$，$\sigma^2=0.22737$，在该参数估计下可得地震发生频率的期望为59.06774，方差为949.789。由上述结果发现，三个模型对地震发生期望频率的估计相差不大，相差较大的是方差。比较三个模型的方差为：$M_1<M_2<M_3$，即泊松—对数正态分布模型的离散程度最大。另外，DIC被用作模型比较统计量，其结果同样在该表中给出。根据该表，具有最小DIC的模型，即泊松—对数正态分布将作为最优拟合分布。图4-5也给出了各个混合分布对数据的拟合情况，其中黑色分段曲线为原始数据经验分布函数，蓝色直线为双泊松混合分布的分布函数，绿色分段曲线为泊松—伽马分布拟合的经验分布函数，红色分段曲线为泊松—对数正态分布拟合的经验分布函数。由该图可以看出，泊松—伽马分布和泊松—对数正态分布对数据的拟合效果优于双泊松分布，且泊松—对数正态分布对数据的尾部拟合效果更好，由此可以得出与DIC模型比较相同的结论，即泊松—对数正态分布为最优拟合分布。

表4-7　　有限混合泊松分布参数估计

模型	参数估计及其估计				DIC值
M_1	π_1	π_2	λ_1	λ_2	1803.2
	0.7093	0.2907	43.28	98.65	
M_2	α		β		1788.6
	4.334		0.07277		
M_3	μ		σ^2		1529.7
	3.965		0.22737		

为了检验各个模型对数据的拟合情况，图4-5给出了各个模型下的分布函数与原始数据经验分布函数的对比，由该图可以发现，3个模型的拟合效果均优于混合二项分布，且泊松—伽马混合分布模型（绿色）与泊松—对数正态混合分布模型（红色）较之有限混合泊松分布（蓝色实线）

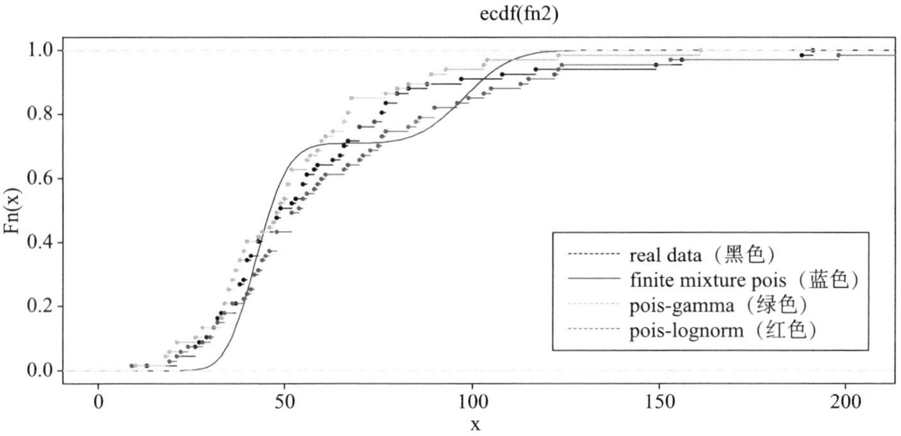

图 4-5 混合泊松分布拟合

的拟合效果要好。而与泊松—伽马混合分布模型相比，泊松—对数正态混合分布模型更为离散，尾部拟合效果更好，即由该图可以得到与 DIC 模型比较相同的结论，泊松—对数正态分布对该组样本数据的拟合效果最好。且根据模型 M_3 的参数可得：$E(y)=E(E(y|\lambda))=59.07$，$Var(y)=E(Var(y|\lambda))+Var(E(y|\lambda))=949.79$，即破坏性地震平均每年发生 59.07 次，方差为 949.79，样本数据过离散。

二、中强震

中强震，即 4.5—6 级地震，其年发生频率如图 4-6 所示。其中，图 4-6（a）为 1500—2016 年的中强震频率，图 4-6（b）为 1900—2016 年的中强震频率。由该图发现，中强震发生的规律与 4.5 级以上地震发生的规律极为相似，即 1900 年以前地震发生频率较小，且较为稳定，初步统计年发生频率为 1.3725 次，方差为 1.738；而 1900 年之后地震发生频率明显增大，且通过平稳性检验，1900—1949 年地震发生频率是不平稳的，具有时间趋势；但 1950 年之后的地震频率在 95% 的置信水平下是平稳的，不存在明显的时间趋势。为了研究未来地震发生频率，将基于 1950—2016 年的地震发生频率对中强震的发生规律进行统计分析。根据初步统计分析，中强震年发生频率的基本统计量如表 4-8 所示。

表 4 – 8　　　　基本统计量

最小值	最大值	中位数	均值	方差	标准差
10	178	43	51.99	977.8634	31.27

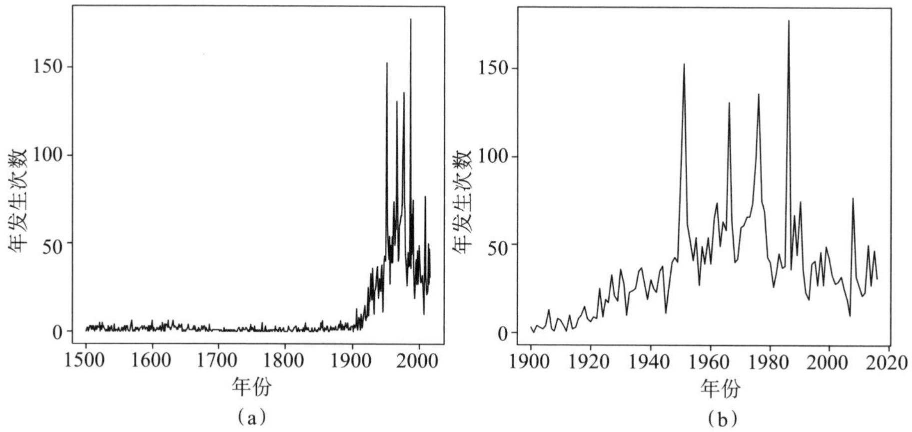

图 4 – 6　中强震年发生频率

从上述基本统计量可知，这组样本数据同样存在过离散的特点，因此也需要采用第一节中所讨论过的混合泊松分布对该组数据进行分析。

根据上一节的讨论，混合二项分布不太适合分析过离散数据，本节将考虑上述讨论过的 3 种混合泊松分布，即 M_1、M_2 以及 M_3 对该组样本数据进行拟合。同样，使用 WinBUGS 获取模型的参数估计，各分布参数的估计值以及模型选择统计量 DIC 值均在表 4 – 9 中给出。从该表可以看出，M_3 具有最小的 DIC 值，即该模型为最优模型，且在该模型假设下，数据的均值为 52.80469，方差为 973.0334，该结果与样本均值和方差也较为接近。

另外，为了检验各分布的拟合情况，图 4 – 7 给出了各个分布的分布函数及原始数据的经验分布函数的比较。由该图发现，模型 M_3（泊松—对数正态分布）拟合效果最好，特别是尾部，由此可以得出与 DIC 相同的模型选择结论。根据模型 M_3 的估计结果可得：$E(y)=52.8047$，$Var(y)=973.0334$。

表 4-9　　模型参数估计及模型 DIC 值

模型	参数估计及其估计				DIC 值
M_1	π_1	π_2	λ_1	λ_2	1486.22
	0.6757	0.3243	36.29	83.94	
M_2	α		β		1423.56
	4.181		0.0805		
M_3	μ		σ^2		1025.8
	3.824		0.2852		

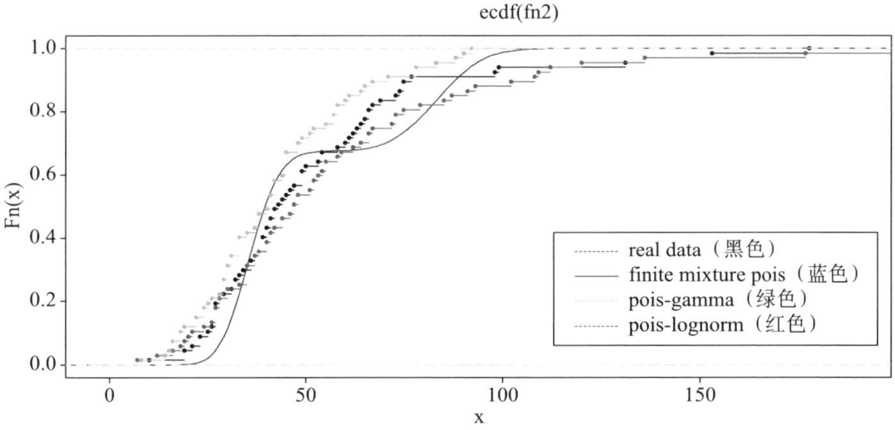

图 4-7　中强震分布函数拟合

三、强震

强震是指地震震级大于等于 6 级，小于 7 级的地震。我国强震发生频率由图 4-8 给出，其中，图 4-8（a）表示 1500—2016 年我国强震年发生频率；图 4-8（b）表示 1900—2016 年我国强震年发生频率。由该图发现，1900 年前地震年发生频率较小且较平稳，均小于 5 次；1900 年以后地震年发生频率增多，但经过稳定性检验发现数据是稳定的，不存在时间趋势。根据初步的统计分析，强震地震频率的基本统计量如表 4-10 所示。

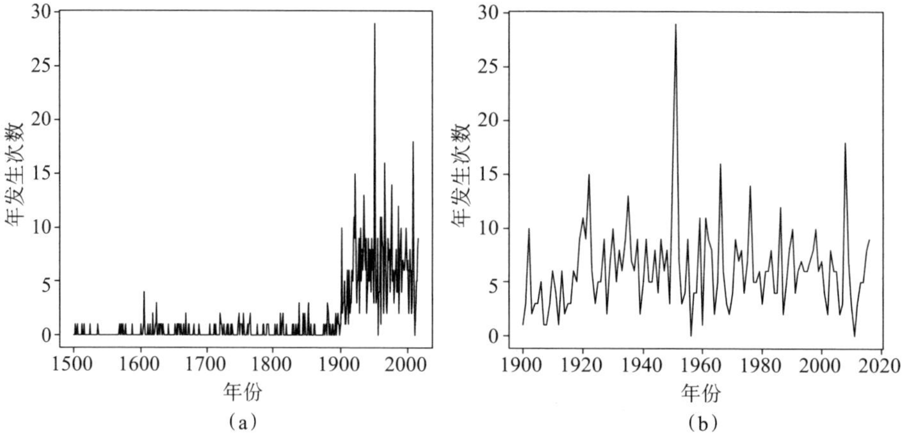

图 4-8 中国强震发生频率

表 4-10 基本统计量

最小值	最大值	中位数	均值	方差	标准差
0	29	6	6.24	16.63	4.08

从上述统计量可知，该组数据最小值为0，最大值为29，均值为6.24，方差为16.63，也存在过离散问题，但离散程度远远小于中强震的离散程度。除了考虑混合泊松分布外，还可以考虑混合二项分布的拟合。基于WinBUGS可得，各模型贝叶斯参数估计在表4-11中给出。根据该表可以进一步得到以下结论：在混合二项分布 M_0 下强震发生频率的期望为5.755，方差为7.89；在有限混合泊松分布 $M_1(k=2)$ 下，强震发生频率的期望为6.3876，方差为8.7713；在泊松—伽马分布模型 M_2 下，强震发生频率的期望为6.348，方差为16.436；在泊松—对数正态分布 M_3 下，强震发生频率的期望为6.363，方差为17.804。另外，基于DIC值，模型 M_2 的DIC值最小，即可以认为该模型对强震的拟合效果最好。图4-9给出了混合泊松分布的分布函数与原始数据经验分布函数的对比，从该图发现混合泊松—伽马分布模型与混合泊松—对数正态分布模型拟合效果较为相似，但混合泊松—伽马分布模型的尾部拟合效果优于混合泊松—对数正态分布模型的拟合效果，由此可得与模型比较相同的结论，即 M_2 为最优模

型，其对地震发生频率的拟合也与原始样本数据的最为接近。根据模型 M_2 的估计结果，可得强震年发生频率的期望和方差分别为：

$E(y)=6.35$，$Var(y)=16.436$。

表 4－11　　参数估计值及模型选择

模型	参数估计及其估计				DIC 值
M_1	λ		p		2153.2
	5.755		0.629		
M_2	π_1	π_2	λ_1	λ_2	2011.3
	0.8981	0.1019	5.39	15.18	
M_3	α		β		1723.5
	3.995		0.6293		
M_1	μ		σ^2		1966.8
	1.726		0.2489		

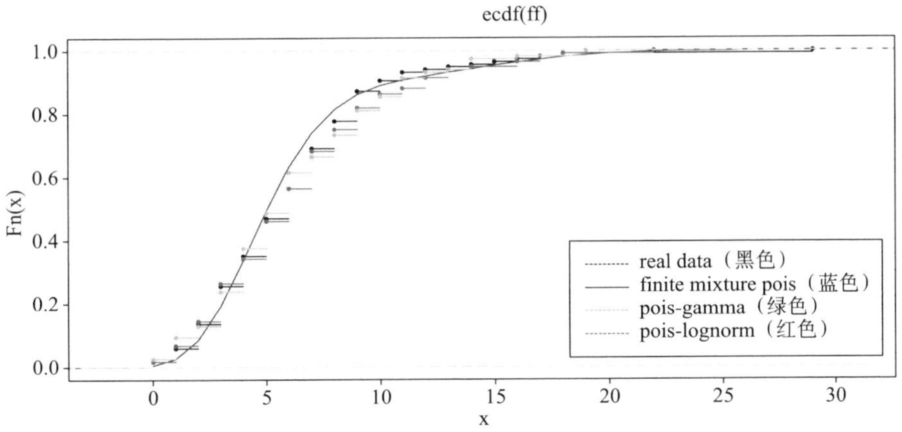

图 4－9　强震分布函数拟合

四、大地震

大地震主要是指 7 级及以上的地震，其中，8 级以上地震为超大地震。由于 1500—2016 年的 517 年间，我国 8 级及以上地震共发生 18 次，平均 64.6 年发生一次，发生的概率较小，样本量较少，无法进行统计分析。因

此，将不区分超大地震，将之合并到大地震中进行分析。图 4 – 10 为我国大地震发生频率，其中，图 4 – 10（a）为 1500—2016 年的地震频率，图 4 – 10（b）为 1900—2016 年地震发生频率。从该图发现，1900 年之后地震发生频率明显发生了变化，因此，将基于 1900 年以后的数据对我国大地震发生的规律进行分析。根据第二节的讨论，大地震（7 级以上）发生的概率较小，年发生次数最大为 6，最小次数为 0；且地震次数为 0 的年份共有 50 年，地震次数为 0 的概率为 42.74%，即存在零膨胀问题。因此，本节将采用零膨胀模型对大地震频率进行分析。前面对零膨胀模型进行了讨论，由式（4 – 26）定义的模型结构即为零膨胀模型。不同分布将构成不同的零膨胀模型，分析零膨胀计数数据最常见的模型主要有零膨胀泊松分布模型（ZIP）和零膨胀负二项分布模型（ZINB）。其中，在式（4 – 26）中，当 $p(y|\theta)$ 为泊松概率分布时，该模型为 ZIP；当 $p(y|\theta)$ 为负二项概率分布时，该模型为 ZINB。根据初步分析，非零部分的样本量为 67，均值为 1.85，方差为 1.16。由于方差小于均值，可以推断出该部分样本不存在异质性，可以采用泊松分布进行拟合，即可以用 ZIP 模型对大地震灾害次数进行分析，且可以通过 WinBUGS 软件获得其参数的贝叶斯估计值。ZIP 模型中有两个参数，零膨胀概率 p 及泊松分布参数 λ。在贝叶斯参数估计中，需要指定参数的先验分布，本节主要采用无信息先验信息对参数 (λ, p) 先验分布进行指定。在无信息先验信息的分布假设下，ZIP 模型参数的估计为：$\lambda = 1.407, p = 0.238$，即可以用如下模型拟合该组样本数据：

$$Pr(Y = y_i) = \begin{cases} 0.2381, & y_i = 0 \\ 0.7619\text{Poisson}(1.407), & y_i > 0 \end{cases}$$

在上述模型中，7 级以上大地震年发生的期望次数为 1.072，方差为 1.431，与样本的均值和方差相差不大，可以用该模型拟合样本数据。图 4 – 11给出了模型分布函数与样本经验分布函数的对比，根据该图也可发现该模型的拟合效果较好。

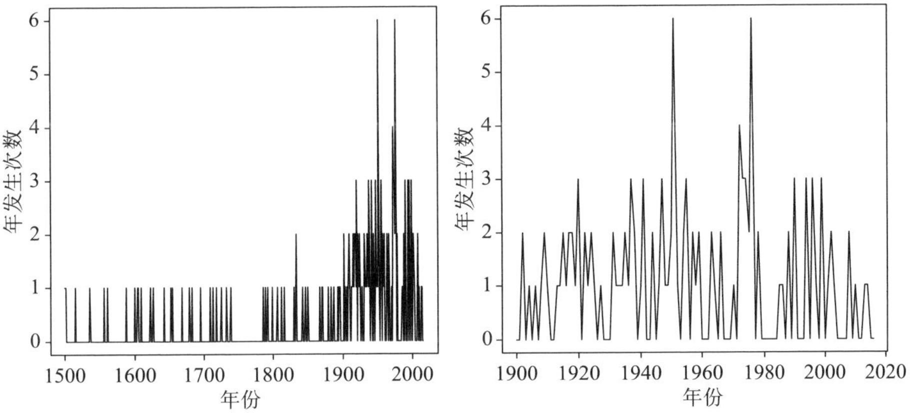

图 4-10 中国大地震发生频率

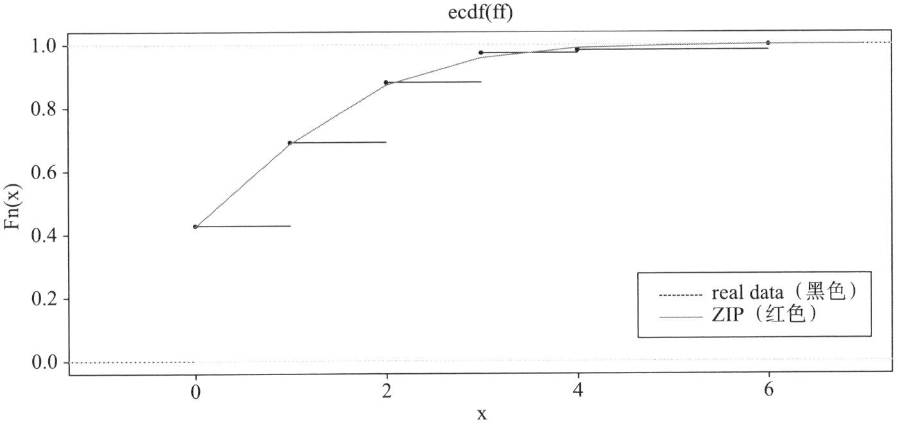

图 4-11 ZIP 分布函数图与样本经验分布函数

第四节 本章小结

根据本章的统计分析，中国破坏性地震（定义为中强震及以上等级地震）年发生频率处于不断变化的趋势。通过对 1500—2016 年的地震数据进行统计分析可得如下几点结论：

（1）1900 年以前，中国破坏性地震年发生频率较小，且较为平稳。平均每年发生频率为 1.81 次，最高发生频率为 9 次，最低为 0，且发生 0 次的概率较高，即很多年都没有发生破坏性地震。

（2）1900 年以后，破坏性地震发生频率逐渐增加。其中，1900—1949 年，中国破坏性地震发生频率存在明显的时间趋势，该 50 年间地震年发生频率处于不断上升的趋势。通过初步分析，这个时间段的地震发生频率可以根据 ARIMA（2，1，1）进行拟合，且拟合效果较好；1950—2016 年的地震年发生频率不存在明显的时间趋势，但该期间内地震年发生频率波动较大，平均每年发生 59.67 次，方差高达 1254.042，即样本数据较为离散。另外，这一期间内地震年发生频率最小为 13 次，最大为 171 次，即样本存在极端值，也就是说有些年份地震活动较为频繁。

（3）根据对 1949—2016 年不同等级地震灾害进行统计分析，可得如下结论：第一，破坏性地震（4.5 级以上地震）年发生频率可用泊松混合对数正态分布进行拟合。根据拟合结果，破坏性地震年发生频率平均值为 59.07，标准差为 30.82，即破坏性地震年发生频率波动较大。第二，破坏性地震中，绝大部分是中强震。中强震（4.5—6 级地震）的年发生频率与破坏性地震类似，也可用泊松混合对数正态分布进行拟合，根据拟合结果，中强震平均每年发生 52.8 次，但标准差为 31.19，波动性更大一些。第三，强震（6—7 级地震）年发生频率远小于中强震发生频率。根据统计分析，可以用泊松混合伽马分布对强震年发生频率进行拟合，结果发现，强震年发生频率为 6.35 次，标准差为 4.054，即强震年发生频率较为稳定。第四，大地震（7 级以上地震）发生的频率最小，而且一般不会发生大地震。根据 1950—2016 年的数据统计发现，大地震年发生频率最高为 6 次，最小频率为 0，且大多数年份的发生频率为 0。根据分析，可用零膨胀泊松分布（ZIP）对样本数据拟合。根据估计结果可得，我国大地震平均每年发生 1.07 次，但每年发生大地震的概率为 57.53%，有 42.47% 的概率大地震不会发生。

第五章　地震灾害人员伤亡统计模型

第一节　地震灾害人员伤亡统计特征

一、人员伤亡数据特征

中国是遭受地震灾害最严重的国家之一，一旦发生地震灾害，特别是高强度地震，人员伤亡不可避免。另外，很多地震发生地区人口密集程度高，房屋抗震能力弱，通常会造成巨额的人员伤亡。历史统计资料显示，全球死亡超过 20 万人的 6 次大地震中，中国就发生了 4 次，包括 1556 年 1 月 23 日陕西华县的 8 级地震造成死亡人数高达 83 万人；1920 年 12 月 16 日，中国甘肃发生 7.8 级地震，死亡人数达 20 万人；1927 年 5 月 22 日，中国青海发生 7.9 级地震，死亡人数 20 万人；1976 年唐山 7.8 级大地震造成 24 万多人死亡；2008 年 5 月 12 日汶川 8.0 大地震造成 69159 人遇难，374141 人受伤，17469 人失踪，是自唐山大地震以来损失最严重的一次地震。2014 年 8 月 3 日，云南省昭通市鲁甸县发生 6.5 级地震，共造成 617 人死亡，112 人失踪，3143 人受伤，22.97 万人紧急转移安置。地震保险的实施和地震救援方案的制定通常依赖于对地震所导致的财产损失和伤亡人员进行准确估计。

地震灾害死亡人数波动较大，且存在多零现象和极端值现象。大部分地震灾害不会造成人员死亡，但一旦造成人员伤亡通常就会非常巨大。因此，常用的均值回归模型不适用于分析地震灾害的死亡人数。本章将基于地震灾害死亡人数的特点探讨适用于分析死亡人数的统计模型和方法。

二、研究现状

目前较为常用的人员伤亡评估方法和模型包括线性回归模型（LM）和广义线性回归模型（GLM）。例如，Badal et al.（2005）和 Gutierrez et al.（2005）通过取对数将地震灾害死亡人数变成连续型数据，然后应用 LM 模型分析地震死亡人数与其他因素的相关性，如地震震级等。Turkan 和 Özel（2014）没有直接分析死亡人数，而是分析了土耳其的地震事故造成的死亡率。他们考虑了不同的模型，包括线性回归模型、β 回归模型、半参数 β 回归模型和半参数可加模型。与 LM 回归相比，GLM 更灵活，因为它允许响应变量来自指数分布族，而不仅限于正态分布。它可以直接用于分析计数数据，如泊松回归模型或二项式回归模型。为了处理计数数据中的多零现象，很多学者提出了零膨胀分布（ZID）模型。ZID 模型是 GLM 的扩展，通过引入了一个额外的概率参数捕获不能被假设的分布或模型充分估计的多零概率。由于其灵活性，ZID 模型已被广泛用于分析计数数据的各种实际问题，如医疗问题（Bohning，1998；Cheung，2002）、体育问题（Karlis 和 Ntzoufras，2003；2006）和保险索赔数据（Boucher et al.，2009；Yip 和 Yau，2005）。最近也应用于分析伤亡风险，如 Czajkowski et al.（2011）应用 ZIP 来模拟 1970—2007 年飓风死亡人数；Beckett et al.（2014）考虑了零膨胀泊松（ZIP）分布的参数估计，并用它模拟一些自然灾害的数据。

LM、GLM 和 ZID 模型主要用于测量响应变量平均值和协变量之间关系的平均回归模型。然而，根据前面的讨论，地震死亡人数是计数数据，且通常存在过离散、多零和极端值（异常值）的情况，上述模型通常不能直接用于估计地震死亡人数。正如 Fuzi et al.（2016）讨论的，上述均值回归模型存在一些缺陷，例如，均值回归模型对奇异值是不稳健的；均值回归模型假设观测值间相互独立，并且需要较大的样本量；均值回归模型对误差项的分布形式是有限制的，要求数据必须遵循分布假设。为了克服均值回归模型的局限性，很多研究提出了许多方法，其中分位数回归是最常用的方法。与均值回归模型不同，分位数回归模型提供了一种量化响应变量分位数和协变量关系的方法。它最初由 Koenker 和 Bassett（1978）提出，并受到了广泛的应用（Koenker，2005；Chernozhukov 和 Hansen，2006；Pitt，2006）。之后，更多的研究也对分位数回归进行了扩展，从而处理不同的问题。例如，Powell（1984，1986）将分位数回归推广到分析删失数据；Lee（1992）研究了有序离散响应变量的中值回归，Machado 和 Silva（2005）提出了计数数据的分位数回归模型和方法。

分位数回归模型的经典估计是基于最小化特定损失函数（Koenker，2005），但该方法不考虑响应或误差项分布，仅得到回归系数的点估计。为了得到一个完整的推论，包括回归系数和误差分布的估计，贝叶斯方法被提出并用于分位数回归模型。通过假设用于误差分布的非对称拉普拉斯分布，Yu 和 Moyeed（2001）表明，系数的贝叶斯估计等于经典估计。Machado 和 Silva（2005），Lee 和 Neocleous（2010）结合他们的结果和"抖动"方法，开发了一个贝叶斯分位数回归模型，用于计数数据，并将其应用于环境流行病学领域。Fuzi et al.（2016）应用该方法分析汽车保险索赔计数数据，并研究回归参数估计变化对响应变量幅度的影响。虽然贝叶斯分位数回归模型很受欢迎的且容易应用，但也存在一些局限性，例如，很难衡量偏差和尾部行为，因为它们由 p 确定，且仅考虑一个非对称拉普拉斯分布比例等于 1 的特殊情况，而这些值本身也是分位数。为了克服贝叶斯参数分位数回归模型的局限性，本章提出了贝叶斯半参数方法进行分位数回归，考虑了混合模型，用 Dirichlet 过程（DP）进行误差分析，这些模型中都考虑了偏度，尺度和尾部行为。受 Kottas 和 Krnjajić（2009）的启示，除了考虑参数贝叶斯分位数回归模型外，本章还提出了一个贝叶斯半参数分位数回归模型，用于分析具有过离散和多零现象的计数数据。具体做法如下：首先根据 Machado 和 Silva（2005）提出的"扰动"方法将计数数据转换为连续数据，然后提出了一种贝叶斯半参数方法处理变换后的数据。贝叶斯模型选择统计量——L_v 测度，被用于进行模型比较。

本章提出贝叶斯参数和半参数分位数回归建模方法来分析计数数据，并应用于估计地震灾害造成的死亡人数。具体来说，首先通过“扰动”方法将计数数据转换为连续数据，然后针对转换后的数据提出贝叶斯参数和半参数分位数回归模型。在参数模型中，随机误差项的分布假设为非对称拉普拉斯分布（Asymetric Laplace Distribution）；在半参数模型中，假设误差项的分布是由狄里克莱过程（Dirichlet Process）构造的混合非对称拉普拉斯分布。通过对模型的后验分布进行推断，即可得到参数的贝叶斯统计估计。本章收集到了1969—2016年291次地震灾害造成的死亡数据，基于贝叶斯参数和半参数分位数回归模型对数据进行分析，并采用贝叶斯模型选择统计量——L_v 测度对模型进行选择。通过模型比较，贝叶斯半参数分位数回归模型较参数模型具有更多优良性，包括尾部更为灵活，更适用于分析极端事件等。在实例分析中，最终的研究结果表明，震级是影响死亡人数的最重要因素，地震对高分位数的影响大于对低分位数的影响。

第二节　分位数回归模型及贝叶斯方法

一、分位数回归模型

回归模型在估计响应变量的分位数与一组协变量之间的关系方面非常有用。如前所述，传统的均值回归模型，如线性回归模型和广义线性回归模型，用于测量响应变量平均值与协变量之间的关系。然而，均值回归模型对异常值是不够稳健的，且对响应变量分布的假设可能不合适。因此，它们不适合分析存在极端值的灾难性风险。与构建平均响应与协变量之间关系的均值回归模型不同，分位数回归模型构建的是响应变量分位数与相关协变量之间的关系，下面将具体介绍分位数回归模型。

令 $y_i(i=1,\cdots,n)$ 为响应变量，$x_i=(x_{i1},\cdots,x_{ik})(i=1,\cdots,n)$ 为协变量。则 p 分位数回归可以定义如下：

$$y_i = x_i^T\beta_p + \epsilon_i \tag{5-1}$$

其中，ϵ_i 的 p 分位数为 0，即 $\int_{-\infty}^{0} f_p(\epsilon)\,d\epsilon = p$，$f_p(\epsilon)$ 为误差项分布的密度函数，β_p 为 p 分位数回归系数向量。分位数回归的经典估计没有考虑响应变量的分布（Koenker，2005），只考虑系数 β_p 的点估计。回归系数的点估计通过最小化以下损失函数获得：

$$\sum_{i=1}^{n} \rho_p\{y_i - x_i^T\beta_p\} \tag{5-2}$$

其中，$\rho_p(u) = u[pI(u>0) - (1-p)I(u<0)]$。

基于上述最小化准则得到的 β_p 估计是稳健的，且可以通过 R 语言的"quantreg"程序包实现最小化问题，从而获得参数估计。因此，该方法的应用较为方便，但其缺陷是只能对系数进行点估计。与传统方法不同，贝叶斯推理将提供一个完整的后验推断，可以获得所感兴趣参数的分布情况。

二、贝叶斯分位数回归模型

贝叶斯分位数回归的参数化方法最早由 Yu 和 Moyeed（2001），他们通过假设误差分布为非对称拉普拉斯分布构建贝叶斯方法。非对称拉普拉斯分布的密度如下：

$$f_p^{AL}(\epsilon;\sigma) = \frac{p(1-p)}{\sigma}\exp\left\{-\frac{|\epsilon| + (2p-1)\epsilon}{2\sigma}\right\} \tag{5-3}$$

其中，$\sigma>0$ 为尺度参数，$0<p<1$，且 $\int_{-\infty}^{0} f_p^{AL}(\epsilon;\sigma)\,d\epsilon = p$。$p$ 同时决定了式（5-3）定义的误差分布的偏斜度及 p 分位数。同时，他们还证明了最小化 Koenker（2005）提出的损失函数等价于非对称拉普拉斯误差分布假设下最大化似然函数。贝叶斯方法的应用很简单，但也存在一些局限性。例如，由于偏差和尾部行为都由 p 决定，很难对其进行衡量；并且该方法没有考虑到尺度参数的估计问题。

为了克服这些局限性，Kottas 和 Krnjajić（2009）在分位数回归中研究了贝叶斯半参数建模，为了处理尾部行为和尺度问题，他们提出了一种基于 Dirichlet 过程（DP）构建的混合分布作为随机误差项的分布，其具体形式为：

$$f_p^1(\epsilon;G) = \int f_p^{AL}(\epsilon;\sigma)dG(\sigma), G \sim DP(\alpha, G_0) \quad (5-4)$$

其中，$DP(\alpha,G_0)$表示精度参数为α，基分布为G_0的 DP 过程。与参数模型相比，该模型考虑了误差分布尺度的随机性，给出更灵活的尾部行为。

三、计数数据分位数回归

在保险领域，经常遇到计数数据，例如损失频数和索赔次数。令$Y_i(i=1,\cdots,n)$为响应变量Y的第i个观测值，$x_I=(x_{i1},\cdots,x_{im})$（$i=1,\cdots,n$）为协变量$x$的第$i$个观测向量。由于$Y$为计数数据，其分布为离散型分布。因此，响应变量在已知x时的分位数$Q_\alpha(Y|x)$将不再是参数的连续函数，上述方法不能直接用于计数响应变量Y。为了克服这一问题，Machado 和 Silva（2005）提出了一种“扰动”方法构造一个连续变量，其分位数与原计数变量具有一对一的关系。具体方法如下：假设U为均匀分布随机变量，并与Y和x相独立，则$Z=Y+U$为一个连续随机变量。Y和Z的分位数将具有如下关系：$Q_p(Z|x) = Q_p(Y|x) + \dfrac{p - \sum_{y=0}^{Q_p(Y|x)-1} Pr(Y=y|x)}{Pr(Y=Q_p(Y|x)|x)}$。

根据上述定义，Z在整个定义中并不连续，主要是在其整数位置不连续。为了解决这一问题，Machado 和 Silva（2005）建议构造一个单调变换$T(Z;p)$，基于这个变换的分位数回归如下：

$$Q_\alpha(T(Z;p)|x) = x^T\gamma_p, p \in (0,1) \quad (5-5)$$

在这种变换下，分位数回归的条件密度将是连续的。他们还证明，在特定假设下，$Q_p(Y|x)$可以通过$\lceil T^{-1}(x^T\hat{\gamma}_p,p)-1\rceil$估计，其中，$\lceil\ \rceil$表示上取整函数，$T^{-1}(\cdot)$为$T(\cdot)$的反函数，$\hat{\gamma}_p$为式（5-5）中$\gamma_p$的估计量。对于转换函数$T(z;\alpha)$，他们提出如下的形式：

$$T(z;p) = \begin{cases} \log(z-p), & z>p \\ \log(\zeta), & z\leqslant p \end{cases}, \quad (5-6)$$

其中，ζ 是一个较小的正数。在该转换函数下有：$T^{-1}(\hat{\gamma}_p, p) = Q_p(z | x) = p + \exp(x^T\gamma_p)$。

第三节　计数数据贝叶斯半参数分位数回归建模

一、贝叶斯半参数分位数回归模型

结合 Yu 和 Moyeed（2001）提出的贝叶斯参数方法和 Machado 和 Silva（2005）提出的计数的分位数回归，Lee 和 Neocleous（2010）讨论了计数数据的贝叶斯分位数回归模型，该模型被广泛应用于分析保险数据，例如，Fuzi et al.（2016）采用这种方法分析了车险索赔数据。如前所述，贝叶斯参数方法有一些限制，例如误差分布的假设可能不适当，不能分析响应变量分布的尾部行为和偏度。

与贝叶斯参数法相比，式（5-4）（Kottas 和 Krnjajić，2009）定义的半参数模型在分析误差分布的尾部行为和偏度方面更加灵活，因此本节提出了一种贝叶斯半参数分位数回归模型用于计数响应。为了构建贝叶斯半参数分位数回归模型，首先使用 Machado 和 Silva（2005）所提出的“扰动”方法将计数响应变量 y_i 转化为连续型变量 z_i，即 $z_i = y_i + u_i$，其中，$u_i \sim uniform(0,1)$。由于 z_i 在其定义域上是不完全连续的，将采用式（5-6）定义的转换函数进一步变换，即构建新的变量 $y_i^* = T(z_i, p)$。考虑到期望计数E_i（或者是保险中的风险暴露），模型将定义如下：

$$Q_p(y_i^* | x_i, E_i) = x_i^T\beta_p + \ln E_i \tag{5-7}$$

或

$$y_i^* = x^T\beta_p + \ln E_i + \epsilon_i$$

随机误差项ϵ_i 的 p 分位数为 0。根据第一节的讨论，原计数变量的分位数 $Q_p(y|x,E)$的估计为$[p + E\exp\{x^T\beta\} - 1]$。为了获得该模型的半参数贝叶斯统计推断，本节考虑了由 Kottas 和 Krnjajić（2009）提出的非对称拉普拉斯混合分布的非参数化结构。具体来说，将由狄里克莱过程构造的

混合非对称拉普拉斯分布作为随机误差项分布，可以得到如下分层模型：

$$y_i^* \mid \beta_p, \sigma_i \sim f_p^{AL}(y_i^* - x_i^T\beta_p - \ln E_i; \sigma_i),$$

$$y_i^* = \begin{cases} \ln(y_i + u_i - p) & (y_i + u_i - p) > 0 \\ \zeta & \text{其他} \end{cases},$$

$$u_i \sim uniform(0,1),$$

$$\sigma_i \mid G \sim G, i = 1, \cdots, n$$

$$G \mid \alpha, d \sim DP(\alpha, G_0)。 \tag{5-8}$$

其中，$f_p^{AL}(\epsilon_i;\sigma_i)$由式（5－3）定义。

为了获得贝叶斯统计推断，首先需要指定先验分布。对于回归系数，Kottas 和 Krnjajić（2009）使用了正态分布作为其先验分布。同时，他们指出，回归系数的后验推断对于先验分布的不同选择是稳健的。本节将采用同样的先验分布假设，即假设 β 的先验分布为正态分布。对于 DP 过程中的参数 α 和 d，伽马分布是最为常见的先验分布。而对于式（5－7）中的基分布 G_0，逆伽马分布为最常用的分布（Kottas 和 Krnjajić，2009），本节也将选取逆伽马分布作为基分布 G_0。对于参数 α 和 d，除了考虑伽马分布为先验分布外，还考虑了对数正态分布。通过对两种先验分布进行比较，参数的后验推断对先验分布的假设是不敏感的，但由于对数先验分布使 Gibbs 算法收敛速度更快，因此将选择对数正态分布作为参数 α 和 d 的先验分布。DP 中的参数先验分布具体定义如下：

$$\begin{aligned} &\beta_p \propto N(\mu_\beta, \sigma_\beta I), \alpha \sim LN(a, b) \\ &G \sim IG(c, d), d \sim LN(ds, dc) \end{aligned} \tag{5-9}$$

其中，$\mu_\beta, \sigma_\beta, a, b, c, ds$ 和 dc 为预先给定的超参数，LN 表示对数正态分布。

对于 DP 过程，将使用 Stick－breaking 方法（Sethuraman，1994）进行构造。其具体构造过程如下：产生一组独立同分布的潜在点 $\sigma_i^* \sim G_0$，再产生一组权重 $\pi_i = \pi'_i \prod_{l=1}^{i-1}(1-\pi'_l)$，其中，$\pi'_i \sim Beta(1,\alpha)$，$i = 1, \cdots, \infty$，则 $G = \sum_{i=1}^{\infty} \pi_i I_{\sigma_i^*}$。由于 Stick－breaking 方法会产生越来越小的权重 π_i，

Ishwaran 和 Zarepour（2002）指出，当样本量较小时，$\sqrt{n}$可以作为构造 G 的一个适当的截断。

二、后验推断

令 $Y^*=(y_1^*,\cdots,y_n^*)$ 为响应变量 y^* 的观测向量，$X=(x_1,\cdots,x_n)$ 为协变量 x 的观测矩阵，θ_k 为式（5－7）定义模型中所有参数构成的向量。则参数的后验分布 $p(\theta|Y^*,X)$ 为：

$$p(\theta|Y^*,X)\propto p(X^*|\theta,X)p(\theta) \tag{5-10}$$

其中，

$$p(Y^*\mid\theta,X)=\prod_{i=1}^{n}p(y_i^*\mid\theta,x_i),$$
$$p(\theta)=p(\beta)p(\sigma|\alpha,d)p(\alpha)p(d),$$

$\sigma=(\sigma_1,\cdots,\sigma_n)$，且 $p(\sigma_i\mid\alpha,d)=\dfrac{\alpha}{\alpha+n}G_0(\sigma_i\mid d)+\dfrac{1}{\alpha+n}\sum_{j=1}^{n^*}n_j\delta_{\sigma_j^*}(\sigma_i)$，

其中，$\delta_{\sigma_j^*}(\sigma_i)$ 为 σ_j^* 处的一个质点；σ_j^* 为 σ 中的不同取值，即集群位置；n_j^* 为 σ 中不同元素或簇的数量，n_j 为第 j 个集群的样本量。条件密度 $p(y_i^*|\theta,x_i)$ 定义如下：

$$p(y_i^*\mid\theta,x_i)=\frac{\alpha}{\alpha+n}\int\frac{p(1-p)}{\sigma}\exp\left\{-\frac{|\epsilon_i|+(2p-1)\epsilon_i}{2\sigma}dG_0(\sigma\mid d)\right\}$$
$$+\frac{1}{\alpha+n}\sum_{j=1}^{n^*}n_j\frac{p(1-p)}{\sigma_i}\exp\left\{-\frac{|\epsilon_i|+(2p-1)\epsilon_i}{2\sigma_i}\right\} \tag{5-11}$$

另外，新的响应变量 y^{*new}可以从后验预测分布 $p(y^{*new}|x^{new},Y^*)$得到，该后验预测分布定义如下：

$$p(y^{*new}\mid x^{new},Y^*)=\int p(y^{*new}\mid\theta,x^{new})p(\theta\mid Y^*)d\theta \tag{5-12}$$

基于后验预测密度函数，可得模型比较统计量 L_v（Ibrahim 和 Laud, 1994；Ibrahim et al.，2001）：

$$L_v(Y^*)=\sum_{i=1}^{n}Var(y_i^{*rep}\mid Y^*,x_i)+v\sum_{i=1}^{n}(\mu_i-y_i^*)^T(\mu_i-y_i^*) \tag{5-13}$$

其中，y_i^{*rep} 是 y_i^* 的一个仿真值。虽然 y_i^{*rep} 也是基于后验预测分布得到的，但 y_i^{*rep} 与 y^{*new}不一样，y_i^{*rep} 是基于观测协变量 x_i 得到的，但 y^{*new} 是基于一个新的协变量 x^{new}得到。$\mu_i = E(y_i^{*rep} \mid x_i, Y^*)$ 和 $Var(y_i^{*rep} \mid Y^*, x_i)$ 为基于后验预测分布 $p(y^{*rep} \mid Y^*, x_i)$ 得到的条件期望和条件方差，该分布具体定义如下：

$$p(y^{*rep} \mid Y^*, x_i) = \int p(y^{*rep} \mid \theta, x_i) p(\theta \mid Y^*, X) d\theta \qquad (5-14)$$

$v \in (0,1)$是拟合优度和偏差之间的平衡。从其定义可以看出，该模型选择统计量可以被看作是一个贝叶斯拟合优度统计量，它通过结合仿真数据与观测数据的接近程度及预测变量之间的关系衡量模型的表现，将选择具有最小 L_v 测度的模型作为最优模型。由于存在高维积分，所以 μ_i 和 $Var(y_i^{*rep} \mid Y^*, x_i)$没有显式解，采用 MCMC 算法计算 L_v 测度，其具体步骤为：步骤 1，从 $p(\theta \mid Y^*, X)$ 抽取 $\theta^{(k)}$；步骤 2，从 $(y^{*rep} \mid \theta^{(k)}, x_i)$ 抽取 $y^{*rep(k)}$。重复这两个步骤 K 次即可得到 Y^{*rep}的一组样本，根据该组样本可以计算$\mu_i = E(y_i^{*rep} \mid x_i, Y^*)$ 和 $Var(y_i^{*rep} \mid Y^*, x_i)$，最终计算 L_v 测度。该统计量被广泛应用于模型比较（Kottas 和 Krnjajić，2009；Li et al.，2012），本节也将采取该模型选择统计量。

第四节　实证研究

一、数据描述

样本数据为 1969—2016 年 291 次地震中的死亡人数，包括地震发生时间、地点、地震震级、死亡人数、居民人数和经济损失。表 5-1 给出了地震死亡人数（即响应变量）的描述性统计量，从该表可以看出，样本平均值为 1552，标准差为 18645.39；众数和中位数都为零；最小值为 0，而最大值为 242000。从这些统计量可以得出如下结论：数据集中存在大量的零值；数据组的极差为 242000，标准差是均值的 12 倍多，表明数据过离散；

数据中存在一些极端值，如最大值 242000。这些情况的存在使均值回归不再适用于分析该样本数据，下面将使用分位数回归对该组数据进行分析。图 5－1为转化后的响应变量 y^* 的散点图，其中 x 为协变量（地震震级），E 为地震灾害受灾地区的长期居民人口数（风险暴露）。从该图可以发现，响应变量 y^* 与协变量 x 以及风险暴露的对数 $\log(E)$ 之间的关系，从该散点图可以发现他们之间存在线性相关关系，可以用式（5－5）定义的分位数回归对其进行分析。

表 5－1　　地震死亡人数的描述性统计量

统计量名称	统计量取值	统计量名称	统计量取值
最小值	0	最大值	242000
均值	1552	标准差	18645.39
中位数	0	众数	0
75% 分位数	1	90% 分位数	24
95% 分位数	109	99% 分位数	5966

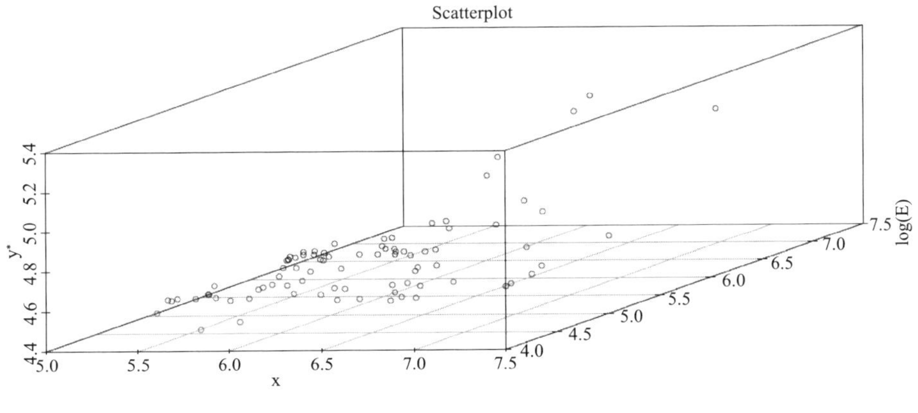

图 5－1　死亡人数的散点图

二、模型构建与估计

下面将分别用由式（5－7）定义的半参数贝叶斯分位数回归模型（记为 M_1 和误差项分布为式（5－3）定义的非对称拉普拉斯分布的参数贝叶

斯分位数回归模型（记为 M_0）对地震灾害死亡人数进行分析，并基于 L_v 测度进行模型比较。式（5－9）中超参数的选取分别为：$c=2, a=1, b=3, ds=1, dc=2$。实际上，尝试了不同的超参数值，结果证明后验预测推论对超参数的选择是稳健的。“R2OpenBUGS”被用于获得参数的贝叶斯估计。图5－2给出了 $p=0.95$ 时，模型 M_0 的Gibbs抽样情况，图5－2（a）左侧为采用三种不同初始值得到的参数的80%置信区间，算法的收敛性由图5－2（a）右侧的 $\hat{R}$ 给出，$\hat{R}$ 接近1.0说明三条模拟链混合较好，算法是收敛的；图5－2（b）给出了参数的后验推断，包括中位数和80%区间估计。模型 M_1 的估计情况由图5－3给出，图5－3中每个小图的含义与图5－2相同。从该图发现，该模型的算法是收敛的，根据3条链的7500次迭代值（其中前2500次丢弃，采用后5000次）可以进一步计算出参数的贝叶斯估计。当 $p=0.5, 0.75, 0.9, 0.95$ 和 0.99 时，模型 M_0 和 M_1 的参数估计在表5－2中给出，同时该表也给出了 L_v 测度。由于不同分位点下，模型 M_1 的 L_v 测度均小于 M_0，因此，认为 M_1 优于 M_0。

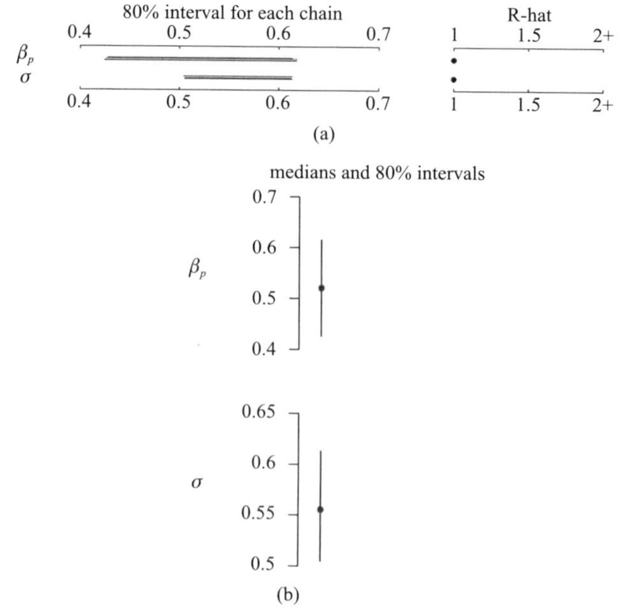

图5－2　$p=0.95$ 时，模型 M_0 的 Gibbs 抽样情况

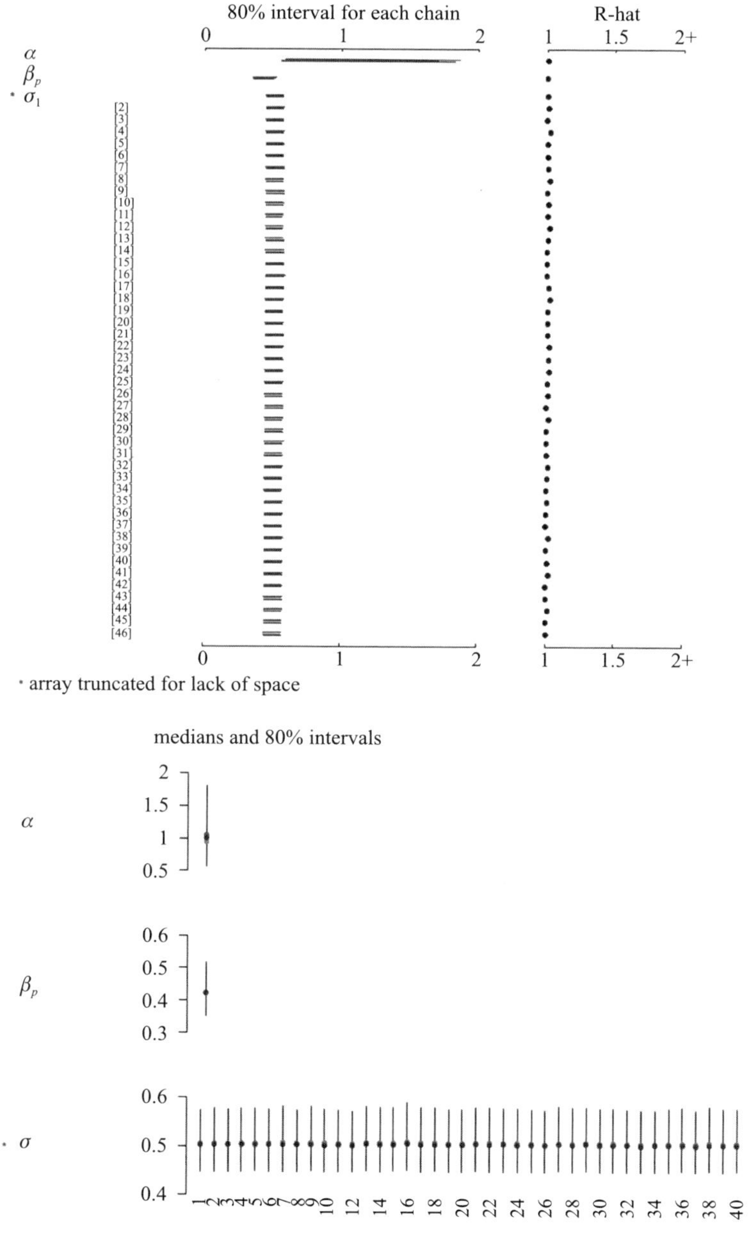

图 5－3　$p=0.95$ 时，模型 M_1 的 Gibbs 抽样情况

表 5－2　　　　参数的贝叶斯估计

	p	0.5	0.75	0.9	0.95	0.99
M_0	$\hat{\beta}_p$	－0.4896	－0.3807	0.3037	0.5209	1.0673
	$sd(\hat{\beta}_p)$	0.0180	0.0721	0.0536	0.0741	0.0731
	$\hat{\sigma}$	0.8015	1.5437	0.9501	0.5580	0.1398
	$sd(\hat{\sigma})$	0.0731	0.1238	0.0728	0.0429	0.0108
	L_v 测度	2053.087	9779.727	24140.940	39524.770	59178.780
M_1	$\hat{\beta}_p$	－0.5111	－0.4106	0.2910	0.4278	1.1463
	$sd(\hat{\beta}_p)$	0.00486	0.15880	0.05710	0.06385	0.03310
	$\hat{\alpha}$	1.5570	0.7727	1.7380	0.8574	0.8090
	$sd(\hat{\alpha})$	0.8766	0.4603	0.6148	0.6031	0.0881
	$\hat{d}$	0.5327	5.1555	3.7300	2.7360	0.9016
	$sd(\hat{d})$	0.0846	1.8060	1.6180	0.9917	0.0732
	L_v 测度	2010.987	9649.712	19048.730	33209.180	56771.340

在模型 M_1 中，潜变量 σ 的分布是由 DP 构造的，其 DP 参数的估计也在表 5－2 中给出。不同分位点下，σ 的密度函数由图 5－4 给出，由图 5－4 发现，随着 p 值增大，σ 的取值越集中。图 5－5 给出了模型 M_0 和 M_1（$p=0.95$）下随机误差项的分布，该图显示了 M_1 的尾部比 M_0 的尾部厚，厚尾意味着存在极端值，即 M_1 更适合于分析极端事件。

为了说明分位数回归模型 M_1 的表现，图 5－6 给出了 $p=0.9$ 时由模型 M_1 拟合的回归面；图 5－7 给出了 $p=0.95$ 时由模型 M_1 拟合的回归面。每个图中的分位数回归图表示转换后的响应变量 y^* 的分位数与协变量［x 和 $log(E)$］之间的关系，带垂直点的那些点表示实际的观测数据（经过连续化变换后）。这两个图中的斜面分别表示 90% 和 95% 的分位数回归面，样本数据落在两个回归面的上方概率分别为 10% 和 5%（$1-p$）。由这两个图可以发现，回归面板随着 p 的增加而上升，这意味着 $p=0.95$ 的分位数回归面板以上的观测数据将少于 $p=0.9$ 时分位数回归面板以上的观察值，模型所得出的结果是合理的。

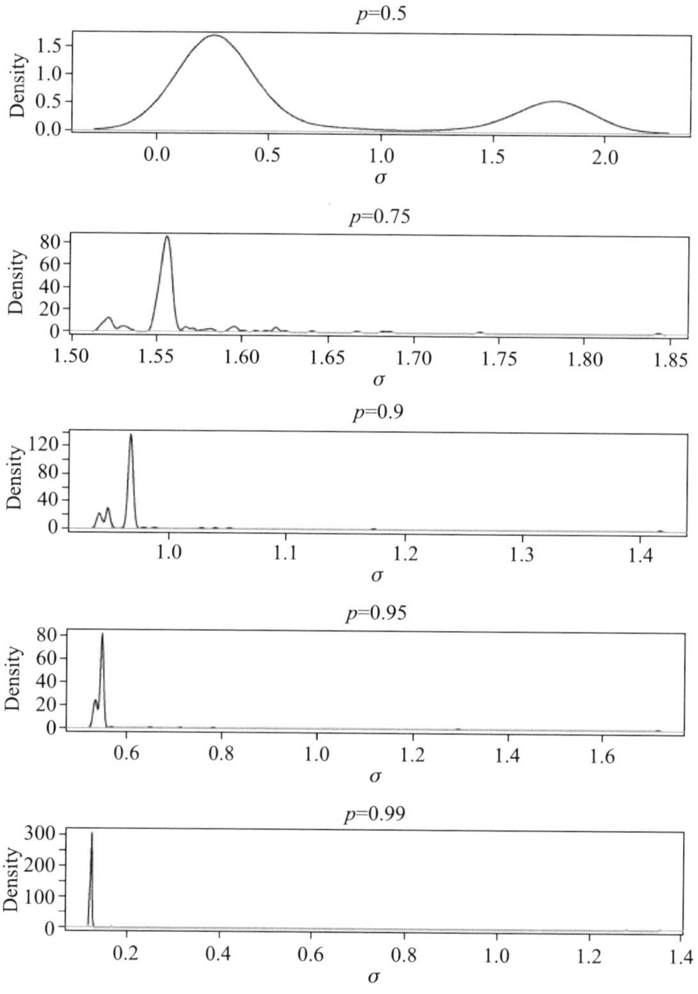

图 5－4　模型 M_1 中 σ 的后验分布

此外，地震死亡人数 y 的分位数的估计将由下式得到：

$$\hat{Q}_p(y|x,E)=[p+E\exp\{x\hat{\beta}_p\}-1], \tag{5-15}$$

即 $p(y\leqslant\hat{Q}_p(y|x,E))=p$ 或 $p(y>\hat{Q}_p(y|x,E))=1-p$。

根据所选择的模型 M_1 可以预测不同条件下的不同分位数。例如，考虑了四个不同震级的大小（$x=5$，6，7 和 8）和三个不同的住宅人口（$E=100$ 万，

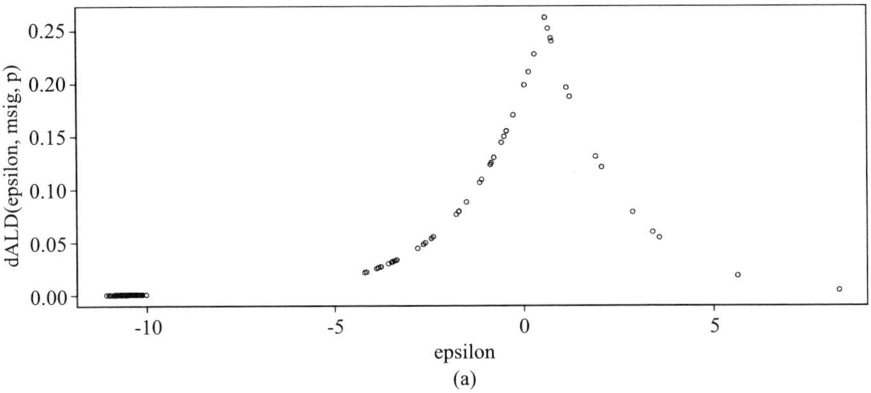

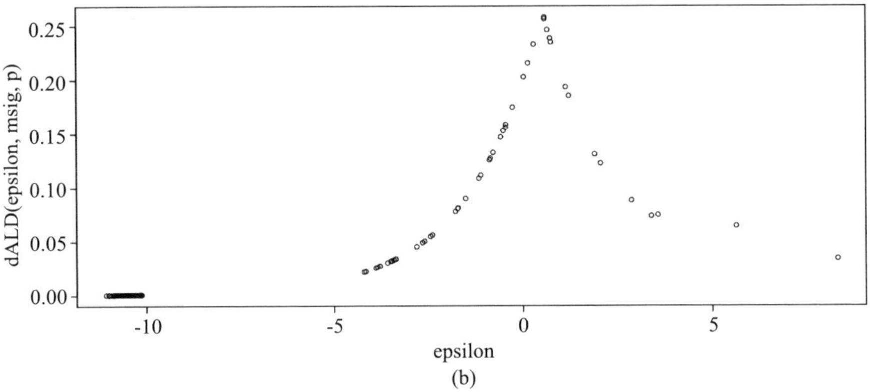

图 5-5　参数模型（a）和半参数模型（b）下的误差项分布（$p=0.95$）

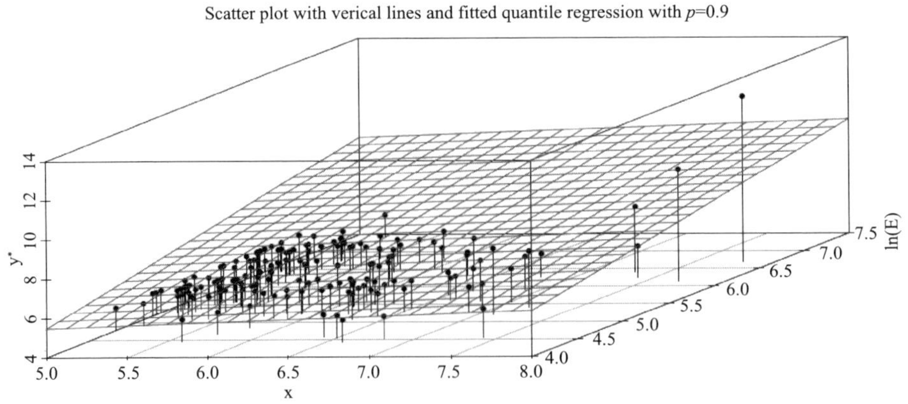

图 5-6　模型 M_1 情况下分位数回归的拟合（$p=0.9$）

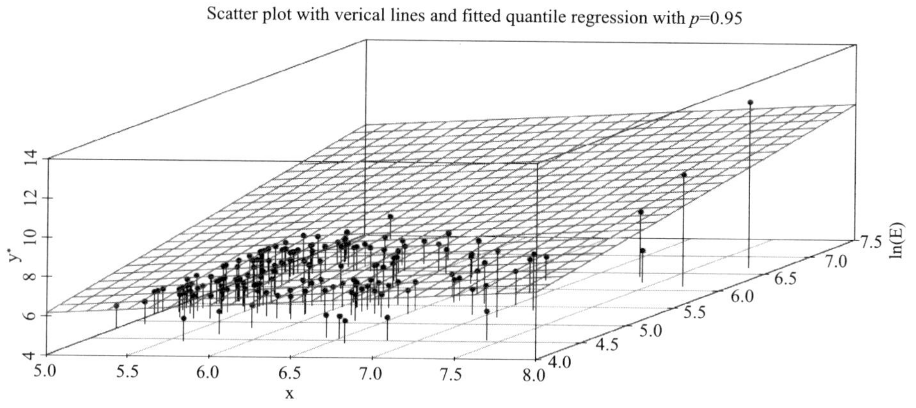

图 5－7　模型 M_1 情况下分位数回归的拟合（$p=0.95$）

200 万和 300 万）。当 $p=0.5$ 时，可得不同情况下中位数的预测值为 0；当 $p=0.75$ 时，不同情况下 75% 分位数均为 1。当 $p=0.9, 0.95$ 以及 0.99 时，不同条件下的分位数预测在表 5－3 中给出。例如，在一个 200 万人口的地方发生 7 级地震时，各分位数分别为：$Q_{0.9}(y|x,E)=49$，$Q_{0.95}(y|x,E)=126$，以及 $Q_{0.99}(y|x,E)=19242$，即死亡人数小于 49 的概率为 90%，小于 126 的概率为 95%，小于 19242 的概率为 99%。另外，从该表还可以看出，地震震级对死亡人数的分位数影响是显著的，随着地震震级的增大，造成的死亡人数的分位数也会增大。地震震级对死亡人数的影响通过 $\exp\{\beta_p\}$ 表示，且根据回归系数的估计可得：

$$\exp\{\beta_{0.5}\}=0.5998,\ \exp\{\beta_{0.75}\}=0.6633,\ \exp\{\beta_{0.9}\}=1.3378,$$
$$\exp\{\beta_{0.95}\}=1.5336,\ \exp\{\beta_{0.99}\}=3.1465$$

这表明地震震级的影响幅度随着分位数的增加而增加。从表 5－3 也可获得相同的结论。这些结果可用于巨灾准备金的提存，在地震发生后也可以为政府部门的应急方案的制定提供相关的理论依据。另外，该模型也可以用于其他灾难性事件伤亡人数的分析。

表 5-3　　不同情况下地震灾害死亡人数分位数的预测

		居民人口		
p	地震震级	100 万	200 万	300 万
0.9	5	26	27	28
	6	35	37	38
	7	46	49	50
	8	62	65	67
0.95	5	51	54	55
	6	79	83	85
	7	120	126	130
	8	184	194	199
0.99	5	1851	1944	1998
	6	5823	6116	6286
	7	18323	19242	19799
	8	57651	60544	62236

第五节　本章小结

地震除了会造成经济损失之外，通常还会造成人员伤亡，特别是大地震通常会造成大量的人员伤亡。地震保险除了赔偿房屋损失外，还需要承担人身伤亡风险，因此，有必要对地震灾害死亡人员进行评估。本章提出了半参数贝叶斯分位数回归模型对地震灾害造成的死亡人数进行分析，通过分析可以发现：地震震级和常住人口（人口密度）对地震灾害死亡人数影响较为显著，死亡人数的 p 分位数为 $\hat{Q}_p(y|x,E)=[p+E\exp\{x\hat{\beta}_p\}-1]$。

在进行地震巨灾保险寿险定价时，常用的均衡原理（基于均值回归）将不再适用，根据本章的讨论，根据分位数回归进行定价将是一个较为合适的选择。如保险公司可以根据其偿付能力选择一个较为合适的分位数，如 95% 作为其预期损失的估计，从而进行定价。在这个定价基础上，保险公司所收取的保费将能够覆盖其 95% 的损失，超过 95%（巨灾）的部分，可以通过再保险或者是巨灾债券进行转移。

第六章　地震灾害经济损失统计模型

第一节　中国地震灾害损失数据统计情况

一、经济损失数据特征

近年来我国地震灾害频发，造成了较大的经济损失并导致了较多的人员伤亡。其中，造成损失最大的是 2008 年 5 月 12 日四川汶川 8.0 级地震。此次地震造成了 69227 人死亡，17923 人失踪，375783 人受伤，造成的直接经济损失达到 8523 亿元，是我国近三十年来遭受的最为严重的地震灾害，也是我国近十年来最为严重的自然灾害。综合评述我国大陆地区近十年的地震灾害损失情况如下：

2007 年，我国大陆地区地震成灾事件有 3 次，受灾面积约 $8258km^2$，受灾人口约 76.70 万人。其中，3 人死亡，419 人受伤，直接经济损失约 20.19 亿元。云南省是受灾最严重省份，全年伤亡人员均来自云南，直接经济损失 18.99 亿元，约占全年地震灾害直接经济损失的 94%（米宏亮等，2008）。2008 年中国大陆地区地震成灾 17 次，全国各地、南亚、东南亚等地均有震感，四川、甘肃、山西、重庆、云南、宁夏等地不同程度受灾。除强度最大的汶川 8.0 级地震外，我国大陆地区还发生了 16 次地震灾害事件，造成 56 人死亡，1227 人受伤，直接经济损失达 71.87 亿元。17 次地震灾害事件共造成我国大陆地区约 10730.53 万人受灾，受灾面积约 501283 平方千米，直接经济损失共计 8089.37 亿元（郑通彦等，2010）。2009 年，我国大陆地区地震成灾事件 8 次，共造成 3 人死亡，404 人受伤，直接经济损失 27.38 亿元（郑通彦等，2010）。2010 年，我国大陆地区地震成灾事件 10 次，共造成 2705 人死亡，270 人失踪，11088 人受伤，直接经济损失 235.70 亿元（郑通彦等，2011）。2011 年，我国大陆地区地震成灾事件 15 次，共造成 32 人死亡，506 人受伤，直接经济损失 60.11 亿元（郑通彦和郑毅，2012）。2012 年，我国大陆地区地震成灾事件 11 次，共造成 86 人死亡，1331 人受伤，直接经济损失 82.88 亿元人民币（郑通彦和郑毅，2014）。2013 年，我国大陆地区地震成灾事件 14 次，共造成 294 人死亡，15671 人受伤，直接经济损失 995.36 亿元（郑通彦和郑毅，2015）。2014 年，我国大陆地区地震成灾事件 10 次，共造成 624 人死亡，112 人失踪，3688 人受伤，直接经济损失 355.64 亿元（郑通彦等，2015）。2015 年，我国大陆地区地震成灾事件 12 次，共造成 33 人死亡，1217 人受伤，直接经济损失 180 亿元（陈通和郑通彦，2016）。2016 年，我国大陆地区地震成灾事件 15 次，3 次较大地震灾害事件，12 次一般地震灾害事件，直接经济损失约 65.5 亿元。

从上面的讨论可以发现，我国大陆地区地震灾害主要有以下特点：

（1）2007—2016 年，地震成灾次数最少的是 2007 年，地震灾害成灾次数为 3 次；最多是 2008 年，地震灾害成灾次数为 17 次；10 年间平均每年成灾次数为 11，方差为 13.8，成灾次数波动不大。

（2）2007—2016 年，经济损失最小的是 2007 年，地震灾害造成的总损失为 20.19 亿元；最高的是 2008 年，地震灾害造成的总损失为 8594.96 亿元，是最低损失的 425.7 倍。主要原因在于 2007 年总共只有 3 次地震灾害成灾事件，而 2008 年有 17 次，且 2008 年 5·12 汶川大地震造成的经济损失就高达 8523 亿元，占当年总损失的 99.16%。总体而言，地震灾害造成的经济损失波动较大，且存在极端值。

（3）2007—2016 年，地震灾害成灾事件共计 118 次，平均每次地震的经济损失为 89.72 亿元；最大损失为 2008 年汶川 8.0 级大地震，经济损失为 8532 亿元；最小损失为 2008 年 3 月 24 日，湖北竹山—陕西白河交界发生的 4.2 级地震，经济损失为 158.02 万元。地震灾害多发生在云南、四川、西藏、新疆、甘肃等地。

（4）根据统计年鉴收集到2005—2016年历次地震成灾事件造成的损失，并做初步统计可得如下基本统计量（见表6－1）。

表6－1　　经济损失基本统计量　　（单位：亿元）

最小值	最大值	中位数	均值	方差	标准差
0.013	8352	1.106	89.72	618073.6	786.177

由上述讨论可知，我国大陆地区地震灾害年成灾次数较为稳定，波动不大；但年累计经济损失波动较大，存在异常值，异常值主要是由于单次地震损失会造成异常值。由于地震灾害损失存在上述特征，常见的损失模型不再适合用于分析地震灾害损失。当前，分析巨灾损失的主要模型主要有极值理论和混合模型，下面将具体讨论各模型的定义及特征，并将采用贝叶斯混合模型对地震灾害损失进行分析。

二、极值理论

极值理论（Extreme Value Theory，EVT）是概率论与统计的重要组成部分，主要对样本中极端情况的统计规律进行研究，为极端事件的尾部分析提供了一个良好的框架。EVT最初由Fisher和Tippet（1928）提出，假设$x_1, x_2, \cdots, x_n$为独立同分布随机变量，且其分布为$H(x)$，令$z_n = \max(x_1, x_2, \cdots, x_n)$，则Fisher和Tippet（1928）推导出$z_n$的渐进分布为广义极值分布（GEV），其分布函数具有如下形式。

$$G(z) = \begin{cases} \exp\left(-\left(1 + \xi \dfrac{z-\mu}{\sigma}\right)^{-1/\xi} \right), & \xi \neq 0, 1 + \xi z > 0 \\ \exp\left(-\exp\left(-\dfrac{z-\mu}{\sigma} \right) \right), & \xi = 0, -\infty < z < \infty \end{cases} \tag{6-1}$$

其中，μ为位置参数，ξ为形状参数，σ为尺度参数。该理论提供了一种分析极值的方法，基于该理论的模型为BMM（Block Maxima Method）模型。在使用BMM模型时，需要先将统计数据分成若干组，在每个小组中分别取最大值或最小值，从而得到新样本，该样本的渐进分布为广义极值分布

(GEV)，因此，可以通过 GEV 拟合该组极值样本，最终得到关于极端值的理论推断。

然而，由于 BMM 方法只研究分组数据中的最大值或最小值，会丧失所舍弃数据中的重要信息。为了解决这个问题，很多学者提出了 POT 模型（Pickands，1975）。与 BMM 研究由极端值构成的样本不同，POT 研究超过一定值 u（阈值）以上的样本，即研究 $y=x-u$ 的分布情况。Balkema 和 de Haan（1974）以及 Pickands（1975）证明了在 $x>u$ 的条件下，当 u 趋近于 $H(x)$定义域的上限时，y 的渐进分布为广义 Pareto 分布（GDP），其分布函数如下：

$$G(y|\xi,\sigma)=\begin{cases}1-\left(1+\dfrac{\xi y}{\sigma}\right)^{1/\xi}, & \xi\neq 0\\ 1-\exp(-y/\sigma), & \xi=0\end{cases}\tag{6-2}$$

其中，ξ 为形状参数，σ 为尺度参数。其密度函数为：

$$g(y|\xi,\sigma)=\begin{cases}\sigma^{-1}\left(1+\dfrac{\xi y}{\sigma}\right)^{-(1+\xi)/\xi}, & (1+y\xi/\sigma)>0\\ \sigma^{-1}\exp(-y/\sigma), & \xi=0\end{cases}\tag{6-3}$$

由于 POT 模型的应用较为简单，近年来，其在金融、保险及其他领域的极端风险分析中得到了广泛应用。如王新军（2002）分析了财产保险中损失分布的建模方法，通过实证给出了一般损失情况下的分布建模，但实证数据过于单薄，且没有讨论出现极端值损失时的建模方法；林文昌和赖怡洵（2003）应用极值理论中的 POT 模型对中国台湾省自然灾害时间损失数据的尾部进行拟合，结果表明，该省表现为巨大的自然灾害损失的广义帕累托（GDP）尾部分布；欧阳资生（2006）运用极值理论对保险的索赔数据进行了分析，通过实证研究得到了 GDP 模型的参数、高分位数和可能的最大损失估计值；周小红（2006）应用极值理论对高额医疗费用保险的定价进行了研究，以基本医疗保险的赔偿限额作为阈值，对比分析了几种高额医疗费用保险的定价方式；解强（2008）利用极值模型对我国历年火灾数据进行实证研究，发现传统方法忽略了极端数据的存在，且在极值模型下的模拟结果明显比传统方法更优越；欧阳资生（2008）年运用 POT 模型对巨额损失的机制风险度量进行了讨论；邵腾伟和冉光和（2011）运用 POT - GDP 损失分布对农科自然大灾损失，模拟农业自然灾害的 VAR 值；卓志和王伟哲（2011）在分析了 Gamma，Lognormal 和 Weibull 等传统厚尾分布在拟合巨灾风险时的不足之处的同时，分析了 POT 模型在拟合厚尾风险的优势，并运用 POT 模型和 GDP 分布对我国地震造成的直接经济损失数据进行了拟合，验证了 POT 模型相对于传统分布在拟合厚尾风险时的优势；肖海清和孟生旺（2013）运用极值理论，基于分层定价的方法，研究分析了不同起赔点下再保险的超额损失，利用 POT 模型以洪水损失数据为例进行实证研究，最终得到了洪水巨灾保险的再保险保费；郝军章和崔玉杰（2016）以 1961—2011 年我国 4.5 级以上地震直接经济损失为样本，借助 POT 模型和 GDP 分布对损失数据进行拟合，计算不同置信水平下的 VaR 值，并分析得出地震保险的价格。

然而，在 POT 的应用中存在一个问题，即阈值 u 的估计。当前的估计方法主要是基于图形诊断来选择拟合前的阈值 u（Ledbetter et al.，1983），该方法较为简单但也存在一些问题，主要表现在以下几个方面：第一，该方法基于图形选择阈值，存在较大的主观性，因此需要具备大量的专业分析知识；第二，阈值的选取需要平衡尾部渐进性对 u 的要求与由于 u 选取过大而导致的样本的稀疏性之间的平衡，即 u 选取过大会导致超过 u 的样本较小，基于小样本得到的参数估计偏差较大，若 u 选取过小，则导致不满足渐进性要求；第三，GPD 主要是基于超越阈值的那部分样本进行拟合，由于不同的 u 会得到不同的样本，因此无法进行模型选择，即无法选择最优的 u 值；第四，Scarrott 和 Macdonald（2012）还指出，如果 $\xi \in (-1, -0.5)$时，极大似然估计的正则条件将不满足，且 $\xi < -0.5$ 时极大似然估计将不存在（Smith，1984）。由于 POT 存在上述局限性，很多学者提出了混合模型，并提出贝叶斯统计方法，将阈值作为未知参数进行估计（Behrens et al.，2004；Carreau 和 Bengio，2009；Cabras et al.，2011），下面将具体讨论混合模型及其贝叶斯估计方法。

第二节　混合模型及其贝叶斯估计

一般的损失分布有很多种，如伽马分布、对数正态分布、威布尔分布等，这些分布通常可以作为混合分布的前半部分，即小于阈值的分布。不同的损失分布与 GPD 相组合可以得到不同的混合模型，本章将考虑上述三种常见的损失分布以及混合伽马分布，四种分布与 GPD 组合可以得到四种不同混合模型。下面将具体讨论各个模型的定义以及其对应的贝叶斯参数统计估计方法。

一、伽马—GPD 混合模型及其贝叶斯估计

伽马分布是常见的损失理论分布，其密度函数如下：

$$f_G(x\mid\alpha,\beta)=\frac{\beta^{\alpha}}{\Gamma(\alpha)}\exp(-\beta x)x^{\alpha-1},x>0 \tag{6-4}$$

其中，$\alpha>0$ 为形状参数，$\beta>0$ 为速率参数。其分布函数为：

$$F_G(x\mid\alpha,\beta)\equiv\int_0^x f_G(t\mid\alpha,\beta)dt \tag{6-5}$$

伽马分布的期望和方差分别为：$E(x)=\alpha/\beta$ 和 $Var(x)=\alpha/\beta^2$。由伽马分布与 GPD 分布可得如下混合模型（记为 m_0）：

$$F(x\mid\alpha,\beta,\xi,\sigma,u)=\begin{cases}F_G(x\mid\alpha,\beta) & x<u\\ F_G(u\mid\alpha,\beta)+[1-F_G(u\mid\alpha,\beta)]G(x\mid\xi,\sigma,u) & x\geqslant u\end{cases}, \tag{6-6}$$

其中，$G(x\mid\xi,\sigma,u)$广义帕累托分布的（GPD）的分布函数，由式（6-3）定义。根据定义，m_0 的似然函数为：

$$L(\theta;x)=$$

$$\begin{cases}\prod_{\{i:x_i<u\}}f_G(x_i\mid\alpha,\beta)\prod_{\{i:x_i\geqslant u\}}(1-F_G(u\mid\alpha,\beta))g((x_i-u)\mid\xi,\sigma), & \xi\neq0\\ \prod_{\{i:x_i<u\}}f_G(x_i\mid\alpha,\beta)\prod_{\{i:x_i\geqslant u\}}(1-F_G(u\mid\alpha,\beta))g((x_i-u)\mid\xi,\sigma), & \xi=0\end{cases}$$

（6-7）

其中，$\theta=(\alpha,\beta,\xi,\sigma,u)$表示包括所有未知参数的参数向量。由于似然函数结构较为复杂，下面将讨论该模型的贝叶斯估计方法。在贝叶斯估计中，最重要的一个问题是指定参数的先验分布，该模型中的参数包括伽马分布中的参数(α,β)、阈值 u 以及 GPD 中的参数(ξ,σ)。首先，对于 GPD 中的参数(ξ,σ)，类似 Castellanos 和 Cabras（2007），本章将采取如下先验分布：

$$\pi(\xi,\sigma)\propto\sigma^{-1}(1+\xi)^{-1}(1+2\xi)^{-1/2},\xi>-1/2,\sigma>0 \tag{6-8}$$

该先验分布是基于 Jeffreys 准则所获取的。Castellanos 和 Cabras（2007）指出，该先验分布导致适当的后验分布，并且可以产生比其他先前分布更准确的贝叶斯推断。基于上述先验分布可得(ξ,σ)的后验分布为：

$$\pi(\xi,\sigma\mid x_1,\cdots,x_n)\propto\sigma^{-(n+1)}(1+\xi)^{-1}(1+2\xi)^{-1/2}\prod_{i=1}^{n}(1+x_i\xi/\sigma)^{-(1+\xi)/\xi} \tag{6-9}$$

其中，$\xi>-1/2,\xi/\sigma>-1/\max\{x_1,\cdots,x_n\},\sigma>0$。

对于阈值 u，将采取常用的正态分布 $N(\mu_u,\sigma_u^2)$作为其先验分布（Behrens et al.，2004），其中 μ_u 和 σ_u^2 分别为先验分布的期望和方差，为预先给定的超参数。Nascimento et al.（2012）指出该先验分布的均值 μ_u 应该选取样本中较大顺序统计量，而且方差也应选取较大的，从而使其分布不会过于集中。当然，如果具有足够多的先验信息，也可以选择较小的方差。对于下面的混合模型来说，(ξ,σ)和阈值 u 为共同参数，因此其先验分布的选取将与前述相同。

对于 m_0 中的另外两个参数(α,β)（伽马分布），将采用如下的先验分布：

$$\alpha\sim IG(a,b),\beta\sim Gamma(c^2/d,c/d), \tag{6-10}$$

其中，a,b,c 和 d 为正数，$IG(\cdot,\cdot)$表示逆伽马分布。基于上述指定的先验分布，在获得样本 $x=(x_1,\cdots,x_n)$后可得参数 θ 的后验分布为：

$$\pi_0(\theta\mid x)\propto\prod_{i:x_i\leq u}\frac{\beta^{\alpha}}{\Gamma(\alpha)}x_i^{\alpha-1}\exp\{-\beta x_i\}$$

$$\times \prod_{x_i>u}\left\{[1-F_G(u\mid\alpha,\beta)]\left[\frac{1}{\sigma}(1+\xi\frac{x_i-u}{\sigma})\right]\right\}$$
$$\times \frac{b^a}{\Gamma(a)}\alpha^{-a-1}\exp\{-b/\alpha\}\frac{d^c}{\Gamma(c)}\beta^{c-1}$$
$$\times \exp\{-d\beta\}\sigma^{-1}(1+\xi)^{-1}(1+2\xi)^{-1/2}$$
$$\times \frac{1}{\sqrt{2\pi}\sigma_u}\exp\{-\frac{(u-\mu_u)^2}{2\sigma_u^2}\} \tag{6-11}$$

取对数后可得对数后验分布为：

$$\ln\pi_0(\theta\mid x)=C_0+\sum_{i:x_i\leqslant u}[\alpha\ln\beta-\ln\Gamma(\alpha)+(\alpha-1)\ln x_i-\beta x_i]$$
$$+\sum_{x_i>u}\left\{\ln[1-F_G(u\mid\alpha,\beta)]-\ln\sigma+\ln(1+\xi\frac{x_i-u}{\sigma})\right\}$$
$$-(a-1)\ln(\Gamma(a))-b/\alpha+(c-1)\ln\beta-d\beta-\ln\sigma$$
$$-\ln(1+\xi)-1/2\ln(1+2\xi)-\ln\sigma_u-\frac{(u-\mu_u)^2}{2\sigma_u^2} \tag{6-12}$$

其中，C_0 为常数项。该后验分布的密度函数形式较为复杂，无法直接从该后验分布抽取随机变量的样本。因此，将应用 Metropolis – Hastings 算法（Hastings，1970；Metropolis et al.，1953）以及 Gibbs 抽样方法（Geman 和 Geman，1984）从该后验分布获得参数的贝叶斯估计，具体的算法见附录6.1。

二、混合伽马—GPD 混合模型及其贝叶斯估计

对于一些复杂数据来说，单纯采用伽马分布将不足以刻画其分布情况，通常需要采用混合分布进行分析。由于非参数密度函数可以由正态分布的有限混合进行估计（Titterington et al.，1985），Wiper et al.（2001）提出了基于混合伽马分布来构建损失分布，k – 伽马有限混合分布（$k-MG$）可以定义为：

$$f_{MG}(x\mid\alpha,\beta,p)=\sum_{j=1}^{k}p_j f_G(x\mid\alpha_j,\beta_j) \tag{6-13}$$

其中，$f_G(x\mid\alpha_j,\beta_j)$为式（6 – 5）定义的伽马分布的密度函数。令 $\alpha=(\alpha_1,\cdots,\alpha_k)$，$\beta=(\beta_1,\cdots,\beta_k)$，$p=(p_1,\cdots,p_k)$满足 $\sum_{j=1}^{k}p_j=1$，同时，令

$\gamma=(\alpha,\beta,p)$。则由混合伽马及 GPD 的组合可得如下混合模型：

$$F(x|\gamma,\xi,\sigma,u)=\begin{cases}F_{MG}(x|\gamma), & x<u\\ F_{MG}(u|\gamma)+[1-F_{MG}(u|\gamma)]G(x|\xi,\sigma), & x\geqslant u\end{cases} \tag{6-14}$$

其中，$F_{MG}(x\mid\gamma)=\sum_{j=1}^{k}p_j\int_0^x f_G(u\mid\alpha_j,\beta_j)du$。该混合模型记为 m_1，其似然函数为：

$$L(\theta;x)=$$

$$\begin{cases}\prod_{\{i:x_i<u\}}f_{MG}(x_i\mid\gamma)\prod_{\{i:x_i\geqslant u\}}(1-F_{MG}(u\mid\gamma))g((x_i-u)\mid\xi,\sigma), & \xi\neq 0\\ \prod_{\{i:x_i<u\}}f_{MG}(x_i\mid\gamma)\prod_{\{i:x_i\geqslant u\}}(1-F_{MG}(u\mid\gamma))g((x_i-u)\mid\xi,\sigma), & \xi=0\end{cases} \tag{6-15}$$

其中，$\theta=(\gamma,\xi,\sigma,u)$。

下面将讨论该模型的半参数贝叶斯统计估计方法。在混合模型的估计过程中通常会碰到一个问题，即混合模型缺乏可识别性。为了使混合模型可识别，需要采用一些限制方法，其中最常用的限制是基于对高斯混合的均值顺序的限制（Diebolt 和 Robert，1994）。本章将对 α 的采取类似的限制，具体限制条件如下：

$$C(\alpha)=\{\alpha|0<\alpha_1<\cdots<\alpha_k\} \tag{6-16}$$

为了得到参数的贝叶斯估计，还需要指定 α 满足上述限制条件的先验分布。根据 α 的定义，其先验分布选取如下：

$$p(\alpha_1,\cdots,\alpha_k)=K\prod_{i=1}^{k}f_{IG}((\alpha_i\mid a_i,b_i)I(\alpha_1<\cdots<\alpha_k)) \tag{6-17}$$

其中，$K^{-1}=\int_{C(\alpha)}\prod_{i=1}^{k}f_{IG}(\alpha_i\mid a_i,b_i)d(\alpha_1,\cdots,\alpha_k)$，$f_{IG}(\cdot)$表示逆伽马分布的密度函数。另外，$\beta$ 的第 j 个元素先验分布选取为：$\beta_j\sim Gamma(c_j^2/d_j,c_j/d_j)$，其中，$c_j>0,d_j>0(j=1,\cdots,k)$。权重 p 的先验分布为 $p\sim D_k(\gamma_1,\cdots,\gamma_k)$，$D_k(\gamma_1,\cdots,\gamma_k)$表示 Dirichlet 分布，其中，$\gamma_1,\cdots,\gamma_k$ 为超参

数。在上述的先验分布假设下，参数 θ 的对数后验分布为：

$$\log\pi_1(\theta \mid x) = C_1 + \sum_{i:x_i \leqslant u}^{\sum[\sum_{j=1}^{k} p_j f_G(x_i \mid \alpha_j,\beta_j)]} \log + \sum_{i:x_i > u}^{\sum[1-\sum_{j=1}^{k} p_j F_G(u \mid \alpha_j,\beta_j)]} \log$$

$$- \sum_{i:x_i > u}\left[\log(\sigma) - \frac{1+\xi}{\xi}\log\left(1 + \frac{\xi(x_i - u)}{\sigma}\right)\right]$$

$$+ \sum_{j=1}^{k}[(c_j - 1)\log(\beta_j) - d_j\beta_j - (a_j + 1)\log(\alpha_j) - b_j/\alpha_j]$$

$$- \frac{1}{2}\left(\frac{u-\mu_u}{\sigma_u}\right)^2 - \log(\sigma) - \log(1+\xi) - (1/2)\log(1+2\xi) \quad (6-18)$$

其中，C_1 为常数。同样，该模型的贝叶斯估计也需要采用 Gibbs 抽样方法，具体方法在附录 6.2 中给出。

三、对数正态分布—GPD 混合模型及其贝叶斯估计

对数正态分布也是一种常见的损失理论分布，其密度函数如下：

$$f_{LN}(x \mid \mu,\sigma_l) = \frac{1}{x\sigma_l\sqrt{2\pi}}\exp\left\{-\frac{(\ln x-\mu)^2}{2\sigma_l^2}\right\}, x>0 \quad (6-19)$$

其中，μ 为位置参数，σ_l 为尺度参数。对数正态分布的累积分布函数为：

$$F_{LN}(x \mid \mu,\sigma_l) = \Phi\left(\frac{\ln x-\mu}{\sigma_l}\right), x>0 \quad (6-20)$$

其中，Φ 为标准正态分布的累积分布函数。对数正态分布的期望和方差分别为：

$$E(x) = \exp\{\mu+\sigma_l^2/2\}, Var(x) = (\exp\{\sigma_l^2\}-1)\exp\{2\mu+\sigma_l^2\} \quad (6-21)$$

对于损失变量 x，若小于阈值 u 的部分为对数正态分布，则可得如下混合模型：

$$F(x \mid \mu\sigma_l,\xi,\sigma,u) = \begin{cases} F_{LN}(x \mid \mu,\sigma_l), & x<u \\ F_{LN}(u \mid \mu,\sigma_l) + [1-F_l(u \mid \mu,\sigma_l)]G(x \mid \xi,\sigma,u), & x \geqslant u \end{cases}$$

$$(6-22)$$

该模型记为 m_2，令 $\theta = (\mu,\sigma_l,\xi,\sigma,u)$ 为包括该模型所有未知参数的参数向量，则其似然函数为：

$$L(\theta;x) =$$

$$\begin{cases} \prod_{\{i:x_i<u\}} f_{LN}((x_i \mid \mu,\sigma_l) \prod_{\{i:x_i \geqslant u\}} (1 - F_{LN}(u \mid \mu,\sigma_l)) \left(\frac{1}{\sigma} \left[1 + \xi \frac{x_i - u}{\sigma} \right]_+^{-(1+\xi)/\xi} \right), & \xi \neq 0 \\ \prod_{\{i:x_i<u\}} f_{LN}((x_i \mid \mu,\sigma_l) \prod_{\{i:x_i \geqslant u\}} (1 - F_{LN}(u \mid \mu,\sigma_l)) \left(\frac{1}{\sigma} \exp\{ \frac{x_i - u}{\sigma} \} \right), & \xi = 0 \end{cases} \tag{6-23}$$

为了得到模型 m_2 的参数估计，将选取下面的先验分布作为对数正态分布参数的先验分布：

$$\mu \sim N(\mu_{\mu 0}, \sigma_{\mu 0}^2), \pi(\sigma_l^2) \propto (\sigma_l^2)^{-1} \tag{6-24}$$

其中，$\mu_{\mu 0}$ 和 $\sigma_{\mu 0}^2$ 为超参数。θ 后验分布的对数为：

$$\log\pi_2(\theta \mid x) = C_2 + \sum_{i:x_i \leqslant u} \left[-\ln x_i - \ln\sigma_l - \frac{(\ln x_i - \mu)^2}{2\sigma_l^2} \right]$$

$$+ \sum_{x_i > u} \left\{ \ln[1 - F_{LN}(u \mid \mu, \sigma_l^2)] - \ln\sigma + \ln(1 + \xi \frac{x_i - u}{\sigma}) \right\}$$

$$- \ln\sigma_{\mu 0}^2 - \frac{(u - \mu_{\mu 0})^2}{2\sigma_{\mu 0}^2} - \ln\sigma_l^2 - \ln\sigma - \ln(1 + \xi)$$

$$- 1/2\ln(1 + 2\xi) - \ln\sigma_u^2 - \frac{(u - \mu_u)^2}{2\sigma_u^2} \tag{6-25}$$

其中，C_2 为常数。该模型的 Gibbs 抽样过程在附录 6.3 中给出。

四、威布尔分布—GPD 混合模型及其贝叶斯估计

当尺度参数 $\lambda > 0$，形状参数 $\eta > 0$ 时，威布尔分布的密度函数 $f_W(x \mid \lambda, \eta)$ 和分布函数 $F_W(x \mid \lambda, \eta)$ 分别为：

$$f_W(x \mid \lambda, \eta) = \frac{\eta}{\lambda} \left(\frac{x}{\lambda} \right)^{\eta - 1} \exp\{ -(x/\lambda)^\eta \}, x \geqslant 0 \tag{6-26}$$

以及

$$F_W(x \mid \lambda, \eta) = 1 - \exp\{ -(x/\lambda)^\eta \}, x \geqslant 0 \tag{6-27}$$

其期望和方差分别为：

$$E(x) = \lambda\Gamma(1 + 1/\eta), \quad Var(x) = \lambda^2[\Gamma(1 + 2/\eta) - (\Gamma(1 + 1/\eta))^2] \tag{6-28}$$

则由威布尔分布和GPD组合的混合模型可以定义如下：

$$F(x|\theta_1,\theta_2,u)=\begin{cases}F_W(x|\lambda,\eta), & x<u\\ F_W(u|\lambda,\eta)+[1-F_W(u|\lambda,\eta)]G(x|\xi,\sigma,u), & x\geqslant u\end{cases} \tag{6-29}$$

其似然函数为：

$$L(\theta;x)=$$

$$\begin{cases}\prod_{\{i:x_i<u\}}f_W(x_i\mid\theta_1)\prod_{\{i:x_i\geqslant u\}}(1-F_W(u\mid\theta_1))\left(\frac{1}{\sigma}\left[1+\xi\frac{x_i-u}{\sigma}\right]_+^{-(1+\xi)/\xi}\right), & \xi\neq 0\\ \prod_{\{i:x_i<u\}}f_W(x_i\mid\theta_1)\prod_{\{i:x_i\geqslant u\}}(1-F_W(u\mid\theta_1))\left(\frac{1}{\sigma}\exp\{\frac{x_i-u}{\sigma}\}\right), & \xi=0\end{cases} \tag{6-30}$$

该模型记为m_3。对于威布尔分布中的参数，其先验分布将采用Jeffreys先验准则进行构造（Guure 和 Ibrahim，2012），具体可得其先验分布为：

$$\pi(\lambda,\eta)\propto\left(\frac{1}{\lambda\eta}\right)^{2c} \tag{6-31}$$

其中，$c>0$。基于上述先验分布可得其后验分布的对数形式如下：

$$\begin{aligned}\log\pi_3(\theta\mid x)&=C_3+\sum_{i:x_i\leqslant u}[\ln\eta+\ln\lambda+(\eta-1)(\ln x_i-\ln\lambda)-(x_i/\lambda)^{\eta}]\\&+\sum_{x_i>u}\left\{-(u/\lambda)^{\eta}-\ln\sigma+\ln(1+\xi\frac{x_i-u}{\sigma})\right\}\\&-2c(\ln\lambda+\ln\eta)-\ln\sigma-\ln(1+\xi)\\&-1/2\ln(1+2\xi)-\ln\sigma_u^2-\frac{(u-\mu_u)^2}{2\sigma_u^2}\end{aligned} \tag{6-32}$$

其中，C_3为常数，该模型具体的Gibbs抽样在附录6.4中给出。

五、贝叶斯模型选择

贝叶斯模型选择方法有很多，其中最常用的主要有贝叶斯因子（Kass 和 Raftery，1995）、偏差信息准则（Deviance Information Criterion，DIC，参见 Spiegelhalter et al.，2002），以及基于贝叶斯准则的模型选择统计量（Gelfand 和 Ghosh，1998；Li et al.，2012）等。贝叶斯因子具有较为完善的理论基础和较强的应用性，不过尽管计算方法多样，其计算过程仍然较为复杂（Kass 和 Raftery，1995）。除此之外，贝叶斯因子在进行模型选择时通常对参数的先验分布较为敏感，必须选择合适的先验分布才能得到较为可靠的模型选择结果。基于贝叶斯准则的模型选择统计量是另外一种贝叶斯模型选择方法，其计算量较小，但仅适用于指数分布族模型。除了上述两个模型选择方法之外，DIC 是另一个应用较为广泛的模型选择统计量。DIC 是 AIC（Akaike Information Criterion）的贝叶斯推广，其计算结果可以直接通过贝叶斯软件 WinBUGS（Spiegelhalter et al.，2003）输出，这就使 DIC 的应用极为方便。本章将采用 DIC 方法进行模型选择，对于备选模型 m_k，假设 θ_k 为包括其所有参数的参数向量，维数为 d_k，令 $\{\theta_k^{(s)}, s = 1, \cdots, S\}$ 为基于后验分布抽取的样本，则模型 m_k 的 DIC 定义为：

$$DIC_k = -\frac{2}{J}\sum_{s=1}^{S\sum_{k}^{(s)}{}_{kk}} \log \qquad (6-33)$$

根据 DIC 的定义，具有最小 DIC 值的模型被认为是最优模型。从计算量上来看，DIC 的计算量与 BIC 和 AIC 类似，均比贝叶斯因子的计算量小。

第三节　混合模型的风险测度统计量

在进行风险管理时，通常需要衡量风险的大小。其中，VaR（Value at Risk）是一个比较常用的风险测度统计量，在金融和保险中应用比较广泛。VaR 中文解释为“在险价值”，是指在市场的正常波动下，某一金融资产或证券组合的最大可能损失。更为确切地，在一定的概率水平（置信度）下，某一金融资产或证券组合在未来的时期内最大可能的价值损失。在风险管理中，VaR 表示在给定概率下的最大损失，或在给定时间段内一定置信水平（通常接近但不超过 100%）下的最大损失。VaR 作为风险度量的一种方式，在实际广泛较为广泛应用，具有较强的吸引力。

在灾害损失风险分析中，置信水平为 p 的 VaR 可以看成是损失随机变量的 p 分位数，其定义如下：

$$VaR[x;p] \equiv F_x^{-1}(p) \qquad (6-34)$$

从上面的定义可以看出，VaR 所给出的仅仅是最大可能损失，对于损失的整体情况仍然没有一个较为全面的认识。例如，VaR 没有给出超过该最大可能损失的程度。为了对巨灾损失有一个较为全面的认识与评估，除了 VaR，还有必要考虑其他风险测度，如 ES（Expected Shortfall）或者是 TVaR（Ttail - Value - at - Risk）。在置信水平 $p \in (0,1)$下，ES 定义为：

$$ES(x;p) = E[(x - VaR[x;p])_+] \tag{6-35}$$

在风险管理或者是保险中，ES 可以用于估计超额（超过 $d = VaR[x;p]$）再保险净保费。另一个风险测度是 TVaR，其定义与 VaR 不同，TVaR 可以衡量整个尾部风险，而不仅仅是一个分位点。TVaR 可以看成是超过某一特定分位数的平均损失程度，其定义如下：

$$TVaR[x;p] = \frac{1}{1-p}\int_p^1 VaR[x;t]dt \tag{6-36}$$

TVaR 可以用于估计灾难性事件所造成的损失。因此，本章将讨论前面所提出的混合模型的 VaR、ES 以及 TVaR，并评估地震风险。对于由式（6-4）所定义的混合模型，VaR 的计算如下：

$$VaR[x;p] = \begin{cases} H^{-1}(p), & H(u) > p \\ u + \dfrac{((1-p)^{-\xi} - 1)\sigma}{\xi}, & H(u) < p \end{cases} \tag{6-37}$$

得到 VaR 后，ES 可以由下式得到：

$$ES(x;p) = [(x - VaR[x;p]) | x > VaR[x;p]] = \frac{\sigma + \xi(VaR[x;p])}{1-\xi} \tag{6-38}$$

以及 TVaR 可以由下式得到：

$$TVaR(x;p) = E[x | x > VaR[x;p]] = VaR[x;p] + ES(x;p) \tag{6-39}$$

第四节 实证研究

一、数据描述

2005—2015 年，我国大陆地区共发生 121 次地震成灾事件，平均每年发生 11 次，基于历年的统计年鉴获得了其中 118 次地震灾害损失数据。然而，其中，包括 2008 年汶川地震，该次地震造成的损失达到了 16530 亿元，远远超过其他损失数据，为异常值，因此本章将其删除，最终样本量为 117。表 6－2 给出了地震灾害导致的直接经济损失（GDP 调整后）的描述性统计量，其中最小值为 0.031，最大值为 830.1，均值为 23.66，标准差为 90.95，3/4 分位数为 7.151（即 75% 的损失小于 7.151 亿元）。从这些描述性统计量可知，地震灾害导致的经济损失数据离散程度较大，且存在巨额损失的情况。图 6－1 展示了各次地震灾害损失数据，从该图同样可以看出地震损失数据存在一些较大的值，且从该图可以推测数据可能来自不同的分布，即混合模型可用于分析该组数据。另外，为了进一步检验分布是否存在厚尾现象，图 6－2 给出了 QQ 图，该图为样本分位数与指数分布分位数的比较，从该图可以发现损失分布尾部较指数分布尾部厚，即样本数据明显存在厚尾现象，混合分布中超过阈值部分用广义帕累托分布拟合是合适的。另外，超越均值函数（ME）可以进一步检验数据是否来自广义帕累托分布。超越均值函数定义如下：

$$e(u) = E[x - u \mid x > u] \tag{6-40}$$

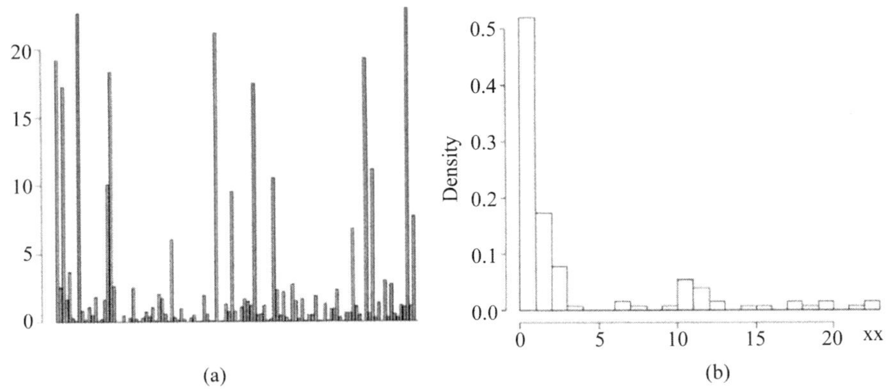

图 6－1　2005—2015 年各次地震灾害导致的直接经济损失（GDP 调整后，亿元）

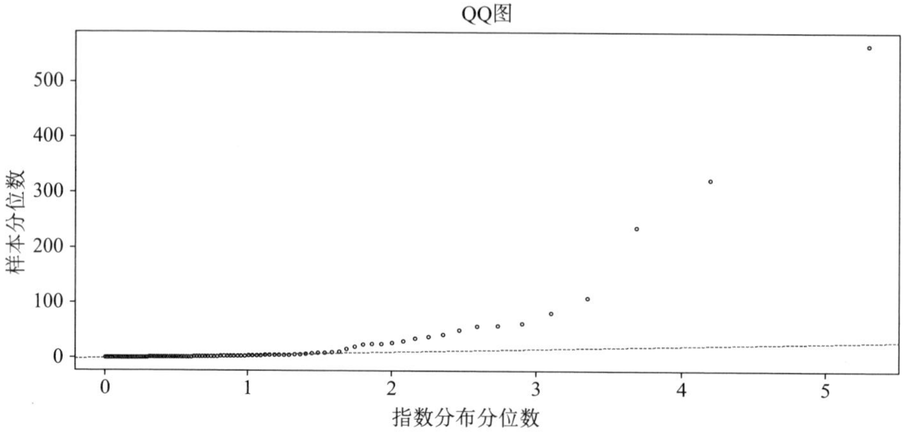

图 6－2　损失数据 QQ 图

表 6－2　地震灾害直接经济损失（GDP 调整后）描述统计量

最小值	1/4 分位数	中位数	3/4 分位数	最大值	均值	标准差
0.031	0.5472	2.010	7.151	830.100	23.660	90.950

经验超越均值函数的计算如下，假设 $x_1, x_2, \cdots, x_n$ 为来自分布 $F(x)$ 的样本，则经验超越均值函数的计算如下：

$$e_n(u) = \frac{\sum_{i=1}^{n}(x_i - u)^+}{\sum_{i=1}^{n} 1_{x_i > u}} \tag{6-41}$$

其中，$x_{(1)} \leqslant x_{(2)} \leqslant \cdots \leqslant x_{(n)}$ 为顺序统计量，u 为不同的阈值。则 ME 图可以基于如下数据得到：$\{(u, e_n(u)), x_{(n)} < u < x_{(1)}\}$。如果 ME 图在较大阈值之后呈直线形式，则可以说明数据来自 GPD（Davison 和 Smith，1990；Embrechts et al.，1997；Embrechts et al.，2005）。图 6－3 中左边的图即为 ME 图，从该图发现，损失数据超过一定阈值时，图形基本呈向上的直线形式，即数据存在厚尾现象。图 6－3 中右边的图为 Hill 图，从 Hill 图中发现图形的尾部呈向下的直线，同样可以退出存在厚尾现象。

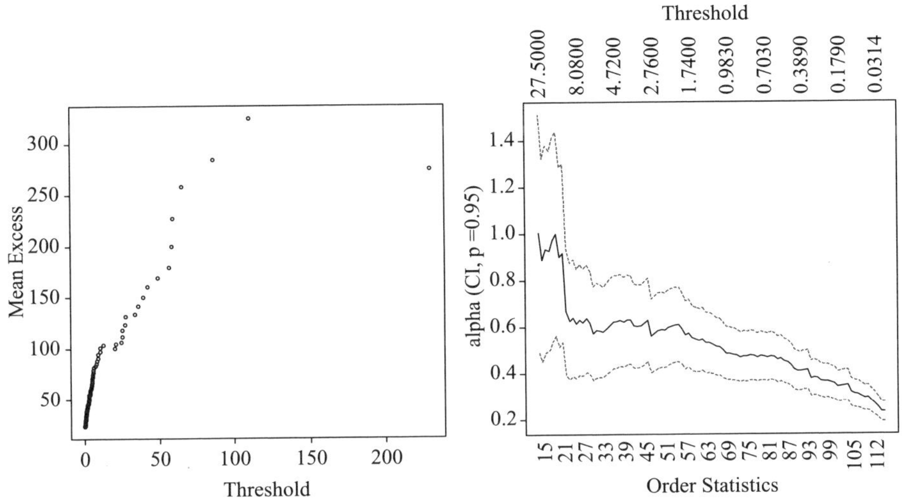

图 6－3　超越均值图和 Hill 图

二、模型拟合

本节将应用前面讨论过的四个混合模型：m_0、m_1、m_2 和 m_3 对损失数据进行拟合，并基于 MCMC 方法获取模型的贝叶斯参数估计。在 MCMC 估计中，通常需要检验算法是否收敛。在 Gibbs 抽样中，检验收敛性的方法有很多，其中一种是通过比较不同初始值下的 Gibbs 抽样结果是否相互融合。本节将选取 3 组不同初始值，并得到 Gibbs 抽样的三条链，进而检验模型的收敛性。图 6－4 和图 6－5 给出了 3 条链的融合情况，根据该图，4000 次迭代后所有模型三条链均得到了较好的融合，即 4000 次迭代后算法收敛。参数的估计可以由 4000 次以后的迭代值进行估计。模型 m_0、m_2 以及 m_3 中参数的贝叶斯统计推断，包括参数的估计、标准差以及 95% 置信区间，均在表 6－3 中给出。从表 6－3 可以看出，除了模型 m_1 之外，其他三个模型关于阈值 u 的估计值相差不大，广义帕累托分布的参数估计同样非常接近。为了进行模型比较，表 6－3 还给出了各个模型的 DIC 值，DIC 值最小的模型为最优模型，且 Spiegelhalter et al.（2003）指出，如果两个模型的 DIC 值相差小于 5 时不能说明两个模型的表现有明显差异。根据

表6－3的结果，模型 m_2 的 DIC 值远小于其他模型（差距超过5），因此 m_2 为最优模型。

表6－3　　　　　　　　参数估计及模型选择统计量

<table>
<tr><td rowspan="3">模型 m_0</td><td></td><td colspan="2">ξ</td><td colspan="2">σ</td><td colspan="2">u</td><td colspan="2">μ_1</td><td>σll</td></tr>
<tr><td>估计值</td><td colspan="2">0.829</td><td colspan="2">1.25</td><td colspan="2">0.176</td><td colspan="2">2.943</td><td>2.702</td></tr>
<tr><td>标准差</td><td colspan="2">0.277</td><td colspan="2">0.305</td><td colspan="2">0.425</td><td colspan="2">0.627</td><td>0.59</td></tr>
<tr><td rowspan="4">模型 m_1</td><td>L_v 侧度</td><td colspan="2">ξ</td><td colspan="2">σ</td><td colspan="2">u528.6</td><td colspan="2">α</td><td>β</td></tr>
<tr><td>估计值</td><td colspan="2">0.895</td><td colspan="2">1.253</td><td colspan="2">0.217</td><td colspan="2">1.68</td><td>2.5</td></tr>
<tr><td>标准差</td><td colspan="2">0.274</td><td colspan="2">0.301</td><td colspan="2">0.069</td><td colspan="2">0.242</td><td>0.651</td></tr>
<tr><td>L_v 侧度</td><td colspan="9">569.03</td></tr>
<tr><td rowspan="4">模型 m_2</td><td></td><td>ξ</td><td>σ</td><td>u</td><td>α_1</td><td>α_2</td><td>β_1</td><td>β_2</td><td>p_1</td><td>p_2</td></tr>
<tr><td>估计值</td><td>0.878</td><td>1.295</td><td>0.146</td><td>2.166</td><td>2.8704</td><td>4.632</td><td>1.958</td><td>0.53</td><td>0.47</td></tr>
<tr><td>标准差</td><td>0.278</td><td>0.339</td><td>0.188</td><td>0.544</td><td>0.892</td><td>2.025</td><td>2.007</td><td>0.281</td><td>0.28</td></tr>
<tr><td>L_v 侧度</td><td colspan="9">623.2</td></tr>
<tr><td rowspan="4">模型 m_3</td><td></td><td colspan="2">ξ</td><td colspan="2">σ</td><td colspan="2">u</td><td colspan="2">λ</td><td>η</td></tr>
<tr><td>估计值</td><td colspan="2">0.855</td><td colspan="2">1.286</td><td colspan="2">0.121</td><td colspan="2">1.085</td><td>3.699</td></tr>
<tr><td>标准差</td><td colspan="2">0.242</td><td colspan="2">0.233</td><td colspan="2">0.088</td><td colspan="2">0.263</td><td>1.253</td></tr>
<tr><td>L_v 侧度</td><td colspan="9">588.6</td></tr>
</table>

根据模型 m_2 的估计，可以进一步计算 VaR、ES 以及 TVaR 值，本节主要计算6个不同的置信度水平（50%、75%、80%、90%、95%和99%）下的不同风险测度值，具体结果在表6－4中给出。表6－4中的风险测度是确定巨灾保险、再保险保额、费率厘定以及巨灾准备金提存的主要依据之一。例如，根据该表可得 $VaR[x;90\%]=11.21$，则在地震巨灾保险中，如果保险需要覆盖90%的损失责任，则保额可以设定为11.21亿元；$ES[x;90\%]=107.488$ 表示超出11.21亿元的平均可能损失为107.488亿元，ES 值主要可用于再保险定价。

表6－4　　　　　　　　风险测度统计量

	50%	75%	80%	90%	95%	99%
VaR	2.820454	5.058408	6.128616	11.210299	20.660247	86.540300
ES	35.97434	55.05024	64.17249	107.48779	188.03735	749.58637

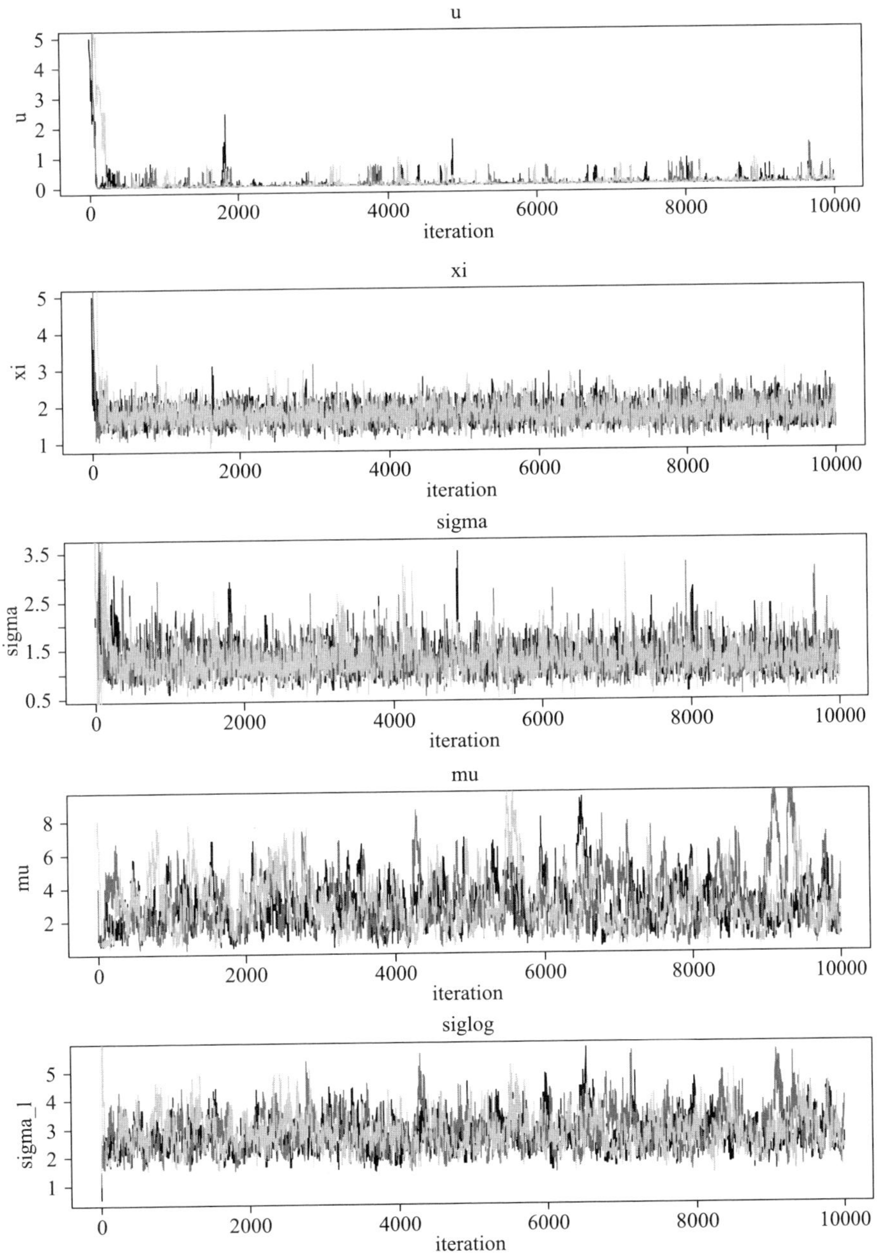

图 6－4　对数正态—广义帕累托

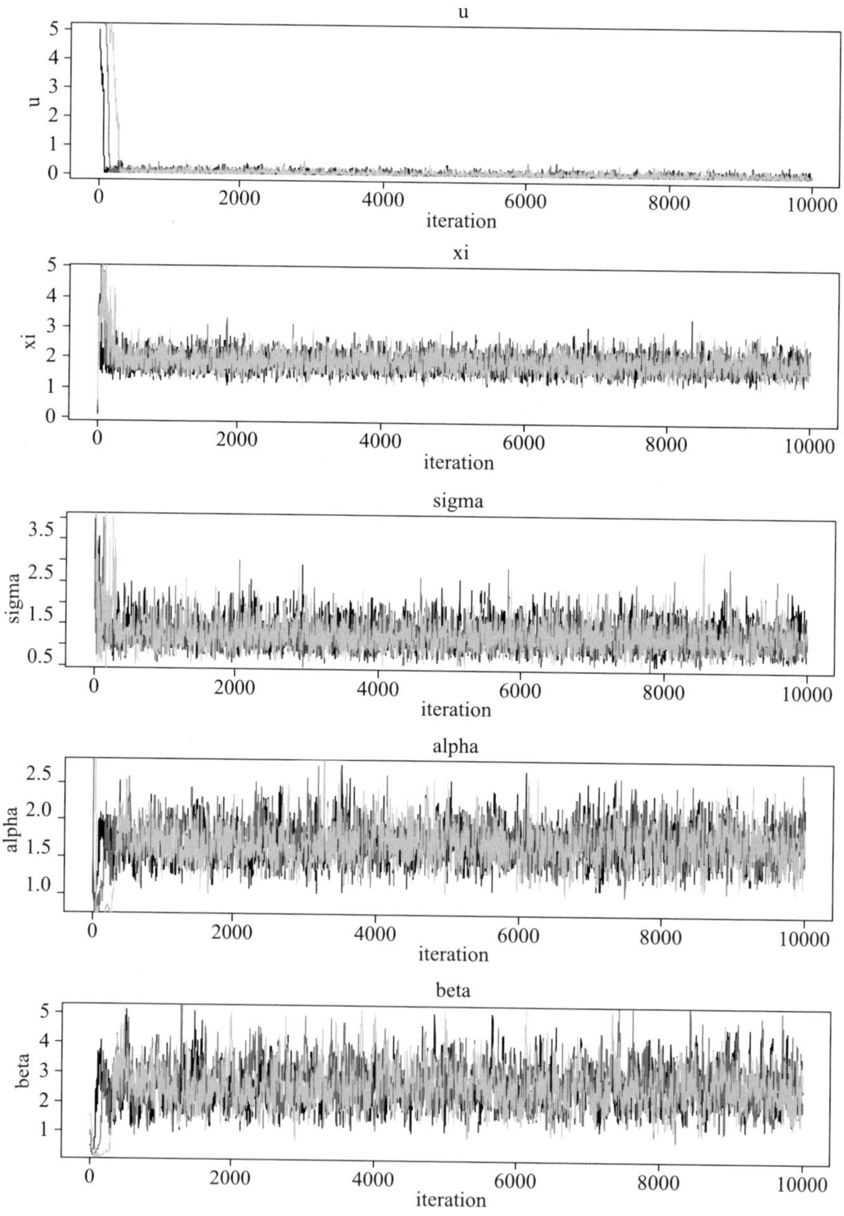

图 6－5 伽马—广义帕累托混合模型

第五节 本章小结

通常，地震灾害的发生会伴随着巨额的财产损失，对地震巨灾风险的管理首先需评估地震灾害损失情况。由于地震灾害具有突发性强、影响范围广、损失巨大等特点，给地震灾害损失的评估带来了较大困难。从统计分析的角度看，地震巨灾风险具有低频率、高损失的特点，一旦发生地震灾害往往都会造成巨额损失。地震巨灾风险的低频率性会导致灾害数据和样本信息的缺乏，而高损失性会导致损失分布的厚尾性，传统的损失分布，如 Gamma 分布、Weibull 分布、Lognormal 分布将无法适用于分析地震巨灾损失。近年来，极值理论的发展和贝叶斯统计方法的创新，巨灾损失分析更为准确。本章在极值理论的基础上，进一步提出了混合模型，并探讨混合模型的贝叶斯统计估计方法，包括 Gamma－帕累托混合模型、混合 Gamma－帕累托混合模型、对数正态－帕累托混合模型以及 Weibull－帕累托混合模型，并采用 DIC 进行模型选择。最后基于 VaR、ES 等对地震巨灾风险进行评估。通过数据分析可以发现，一次地震造成的经济损失可以用对数正态－广义帕累托混合模型进行拟合，且在该模型下可进一步计算其风险测度。例如，根据计算结果可得 $VaR[x;90\%]=11.21$，即一次地震灾害造成的损失有 90% 的概率低于 11.21 亿元；$ES[x;90\%]=107.488$，即超出 11.21 亿元的平均可能损失为 107.488 亿元。该结果可以为保险、再保险或者是巨灾债券的保额、定价的确定提供相关的理论依据。

第七章　贝叶斯空间分位数回归模型与地震指数保险

第一节　贝叶斯空间分位数回归模型

一、空间分位数回归模型

南北地震带位于青藏高原东部边缘，占据了我国西南地区的很大一部分，是我国大陆地震最活跃的地区（Wang et al.，2010），这使我国西部成为地震高风险区。一般来说，地震损失受三个因素影响：地震强度、风险暴露度和地震脆弱性，这意味着地震风险可以写为危害性、暴露度和脆弱性的函数。此外，风险是损失的可能性或预期，可以采用多种模型估计地震造成的损失。有两个主要的模型用来估计地震造成的损失：即均值回归和 QR。考虑到巨灾风险的特点是频率低，严重程度高，而均值回归又有一定的局限性，可能不是合适的方法（Fuzi et al.，2016）。例如，它对异常值不具有稳健性；它假定观测值的独立性，需要大样本量；它对特定的分布形式是有限制的。分位数回归（QR）是通过条件分位数函数处理应变量与协变量之间关系的有用工具。与均值回归相比，QR 在样本量较小且误差为非正态时提供了更稳健和有效的估计（Yu 和 Jones，1998；Koenker 和 Hallock，2001；Hao 和 Naiman，2007）。因此，本节将重点介绍分位数回归模型，并在第三节中应用该模型分析地震经济损失。

为建立 QR 模型，设 s_i 为第 i 次地震的震中，$y(s_i)$ 为本次地震造成的

经济损失。另外，设 $x(s_i)=[x_1(s_i),\cdots,x_4(s_i)]^T$ 为协变量向量，其中 $x_1(s_i)=1$ 表示截距，$x_2(s_i)$表示第 i 次地震的危害性，$x_3(s_i)$和 $x_4(s_i)$分别表示位置 s_i 的暴露度和脆弱性。本节感兴趣的是估计 $y(s_i)$的条件密度作为 $x(s_i)$的函数。考虑到这一点，$y(s_i)$的条件密度通过它的分位数（逆 CDF）函数 $Q_{y(s_i)}(\tau|x(s_i))$来建模，它被定义为 $Pr(y(s_i)\leqslant Q_{y(s_i)}(\tau|x(s_i)))=\tau$。

从初步分析，$y(s_i)$和 $x(s_i)$之间的关系更像是指数关系而不是线性关系，因此，对于 $y*(s_i)=ln(y(s_i))$，可以构造 QR 如下：

$$Q_{y*(s_i)}(\tau|x(s_i))=x(s_i)^T\beta(\tau) \tag{7-1}$$

其中，$\beta(\tau)=(\beta_1(\tau),\cdots,\beta_4(\tau))^T$ 为第 τ 分位数水平的系数。该模型也可以写为：

$$y*(s_i)=x(s_i)^T\beta(\tau)+\epsilon_\tau(s_i) \tag{7-2}$$

其中，$\epsilon_\tau(s_i)$为误差项，$\epsilon_\tau(s_i)$的 τ 分位数应为 0。然而，暴露度和脆弱性只能代表每个地区的中心位置，而第 i 次地震的震中 s_i 可能在任何地方，并且可能影响到 s_i 附近的两个或多个地区。本节考虑空间相关性，构建了位置 s_i 暴露度和脆弱性的先验分布。在贝叶斯方法中，常用的方法是将 s_i 的脆弱性和暴露度作为潜在变量，并考虑空间关系构建先验分布，如下所示：

$$X_k(s_i)\sim N\left(\sum_{j=1}^{m_i}\omega_j X_k(s_j^*),\sigma_{X_k}\right),k=3,4 \tag{7-3}$$

其中，s_j^* 表示 s_i 的邻居数，m_i 为邻居数，ω_j 为权重，计算公式为：

$$\omega_j=\frac{k\left(\frac{\|s_j^*-s_i\|}{h}\right)}{\sum_{j=1}^{m_j}k\left(\frac{\|s_j^*-s_i\|}{h}\right)} \tag{7-4}$$

其中，$k(\cdot)$为核函数，h 为平滑的参数，$\|\cdot\|$ 表示位置 s_i 与 s_j^* 之间的半正矢距离。

二、贝叶斯方法

由于贝叶斯方法在后验推理方面的灵活性等优点，研究人员开发了贝叶斯 QR 模型。它已被广泛用于分析不同类型的数据，例如，独立数据（Yu 和 Moyeed，2001；Kottas 和 Krnjajić，2009）、聚类数据（Kim 和 Yang，2011）、计数数据（Machado 和 Silva，2005；King 和 Song，2019）和空间数据（Hallin et al.，2009；Reich et al.，2011；McMillen，2012；Yang 和 He，2015）。在贝叶斯框架中，最常用的方法是假设误差项为非对称拉普拉斯分布（*ALD*）（Yu 和 Moyeed，2001）。更具体地说，设式（7-2）中的 $\epsilon_\tau(s_i)$ 有一个 *ALD*，表示为 $\epsilon_\tau(s_i) \sim ALD(\mu,\sigma,\tau)$。那么密度函数为：

$$f(\in_\tau(s_i)|\mu,\sigma,\tau) = \frac{\tau(1-\tau)}{\sigma}\exp\left\{-\rho_\tau\left(\frac{\in_\tau(s_i)-\mu}{\sigma}\right)\right\} \tag{7-5}$$

其中，$\rho_\tau(\mu)=\mu[\tau-I(\mu<0)]$，$0<\tau<1$ 为偏度参数，相当于上述定义的 QR 模型中的分位数水平，σ 为尺度参数，$-\infty<\mu<+\infty$为位置参数。当 $\mu=0$ 时，密度为：

$$f(\in_\tau(s_i)|\sigma,\tau) = \frac{\tau(1-\tau)}{\sigma}\exp\left\{-\frac{\in_\tau(s_i)(\tau-I(\in_\tau(s_i)<0))}{\sigma}\right\} \tag{7-6}$$

正如 Yu 和 Moyeed（2001）所指出的，考虑 ALD 作为误差分布和 β_τ 的平坦先验，贝叶斯估计相当于频率主义方法（Koenker 和 Bassett，1978）。

同样，假设 $\mu=0$，QR 模型可以重写为以下分层形式：

$$\begin{cases} y^*(s_i) \mid x(s_i),\theta \sim f(y(^s_i)^* - x(^s_i)T\beta_\tau;\sigma) \\ x_3(s_i) \sim N(\sum_{j=1}^{m_i}\omega_{3j}x_3(s_j^*),\sigma^2_{x_3}) \\ x_4(s_i) \sim N(\sum_{j=1}^{m_i}\omega_{4j}x_4(s_j^*),\sigma^2_{x_4}) \end{cases} \tag{7-7}$$

为了进行贝叶斯推理，需要系数 β_p 和 σ 的先验分布。Kottas 和 Krnjajić（2009）使用正态分布作为系数的先验，并表明回归系数的后验对一系列先验选择具有稳健性。在本节中，系数 β_p 也采用正态先验，σ 的先验分布选择常用的逆伽马分布（Gelfand et al.，2005）。该模型的贝叶斯估计可以直接使用 OpenBugs 得到。

第二节　地震指数保险

一、基差风险

基差风险是指数保险不可避免的风险。它可以通过多种方式定义，例如，它可以指收益与潜在风险不对应的风险（Norton et al.，2013）；实际发生的损失与投保的损失存在差额（Chantarat et al.，2013；Dercon et al.，2014）；以及由于经验损失与基于赔偿的指数值之间的不完全关联而导致的剩余未投保风险或剩余风险（Jensen et al.，2014，2018）。此处将基差风险定义为赔付与实际经济损失之间的差额。基差风险的存在使指数保险处于低需求状态（Smith 和 Watts，2009；Miranda 和 Farrin，2012；Clement et al.，2018）。为了提高指数保险的效率，应该降低基差风险。

二、赔付机制

由于指数保险能够透明、快速地赔付，并且在不对资产造成实际物理损害的情况下提供支付，其可能是承保难以投保风险（如巨灾风险）的最佳解决方案。赔付金额、参数和负责验证参数是否被触发的第三方都必须在合同中指定。对于目前大多数指数地震保险来说，地震震级是常用的参数，国家地震信息中心或相应的省级地震机构是第三方。本部分将讨论如何定义赔付机制。

为了降低基差风险，赔付应该接近实际损失。因此，地震损失的分析对于确定赔付机制非常重要。可见，地震损失与地震震级（x_2）密切相关，因此将其作为参数。与当前的地震保险类似，阈值设置为 $x_2(s_i)=5.0$，这意味着如果发生 5.0 级或以上的地震，则提供赔付。此外，由于不同震级的地震造成的经济损失差异很大，因此确定了不同的赔付额。以云南省目前的地震保险为例，地震震级每增加 0.5 级，赔付金额就会增加。从历史记录可知，云南省发生的地震震级几乎都在 8 级以下。基于此，可通过切点定义六个类别的支付机制：$b_1=5.0$、$b_2=5.5$、$b_3=6$、$b_4=6.5$、$b_5=7$、$b_6=7.5$。具体来说，可以根据这些切点来定义支付金额：

$$C=\begin{cases}C_1, when b_1\leqslant x_2(s_i)<b_2\\ C_2, when b_2\leqslant x_2(s_i)<b_3\\ \cdots\\ C_6, when x_2(s_i)\geqslant b_6\end{cases} \tag{7-8}$$

其中，C_k 表示震级在 b_k 和 b_{k+1} 之间的地震发生时的赔付。根据上述定义，C_k 可被计算为经济损失的条件期望：

$$C_k=E(y(s_i)\mid b_K\leqslant x_2(s_i)<b_{K+1})(k=1,\cdots,5)\text{ 和 }C_6=E(y(s_i)\mid x_2(s_i)\geqslant b_6) \tag{7-9}$$

特别地，让 $\mu(x(s_i))=E(y(s_i)\mid x(s_i))$ 以及 $\sigma^2(x(s_i))=Var(y(s_i)\mid x(s_i))$。那么

$$\mu(x(s_i))=E(y(s_i)\mid x(s_i))=\int_0^\infty y(s_i)dF(y(s_i)\mid x(s_i))$$
$$=\int_0^1 Q_{y(s_i)}(\tau\mid x(s_i))d\tau \tag{7-10}$$

以及

$$\sigma^2(x(s_i))=Var(y(s_i)\mid x(s_i))$$
$$=E(y(s_i)^2\mid x(s_i))-(E(y(s_i)\mid x(s_i)))^2$$
$$=\int_0^1 Q_{y(s_i)}(\tau\mid x(s_i))^2d\tau-(\mu(x(s_i)))^2 \tag{7-11}$$

其中，$Q_{yi}(\tau\mid x(s_i))=F^{-1}(y(s_i)\mid x(s_i))$ 是以 $x(s_i)$ 为条件的 $y(s_i)$ 的 τ 分位数，显然 $\tau\sim U(0,1)$。

则赔付 C_k 可计算为：

$$C_k=E(y(s_i)\mid b_K\leqslant x_2(s_i)<b_{K+1})$$
$$=\int_{b_K}^{b_{K+1}}\mu(x_2(s_i))\frac{f(x_2(s_i))}{pr(x_2(s_i)\in A)}dx_2(s_i) \tag{7-12}$$

三、保费原则

在精算实践中，保费是由预期总索赔额（即净保费或纯保费）与风险

(或安全) 附加保费相加来计算的。由于风险附加保费的不同定义，人们衍生出了不同的保费原则，其中最常用的是期望值保费原则。根据期望值保费，风险附加保费应与净保费成正比，保费定义为$(1+\alpha)p$，其中，p为净保费或预期总损失，α为附加系数。除了期望值保费之外，还有其他保费原则，如方差保费原则和标准差保费原则，可以定义为$p+\alpha var(S)$，其中，S为总损失。还有其他原则，如标准偏差保费原则，定义为$p+\alpha\sqrt{var(S)}$。不同的原理有不同的数学特性，除了“没有敲诈”“没有不合理的风险负担”和“平移不变性”。期望值保费原理满足所有其他数学性质，如“超可加性”和“单调性”。对于地震风险，不需要前三个属性，但需要其他属性。方差保费原则和标准差保费原则满足前三个性质，但不满足“超可加性”。因此，本节采用期望值保费原理计算地震保险保费。为了计算总损失，需要计算地震频率。设 N 为某地区一年内发生地震的频率。根据指数保险的假设和式（7 - 8）中的赔偿标准，净保费为：

$$p = \sum_{k=1}^{5} E(N|b_K \leqslant x_2(s_i) < b_{K+1})C_k + E(N|x_2(s_i) \geqslant b_6)C_6 \quad (7-13)$$

由式（7 - 12），

$$C_k = E(y(s_i)|b_K \leqslant x_2(s_i) < b_{K+1})$$
$$= \int_{b_K}^{b_{K+1}} \mu(x_2(s_i)) \frac{f(x_2(s_i))}{pr(x_2(s_i) \in A)} dx_2(s_i) \quad (7-14)$$

保费为：

$$R = (1+\alpha)p \quad (7-15)$$

其中，α是给定的负荷系数（$\alpha>0$）。计算C_k时的条件期望可以使用蒙特卡罗模拟。

第三节　实证分析：基于贝叶斯空间分位数回归保费测算

一、案例介绍

云南省地处印度板块和欧亚板块碰撞带的东南侧，地壳运动剧烈，地震活动显著，地震具有频度高、强度大、分布广、灾害重等特点，是我国地震最多、震灾最重的省份之一。为了应对云南地震巨灾风险，我国首个针对地震保险的试点项目于2015年在云南省大理州正式启动——云南大理州政策性农房地震保险试点，开启了政策性农房地震保险的“大理模式”，采用地震指数触发的保险模式，以地震震级为触发参数，阈值设为5，主承保方为诚泰财产保险股份有限公司。其政策详情见表7-1，赔付情况如表7-2所示。

表7-1　　云南省大理市地震指数保险

风险覆盖	大理农村地区生命及财产损失
指数	地震震级
触发点	5
赔付	根据地震震级，房屋损失从2800万元到4.2亿元不等。当震级增加0.5时，补偿增加。人身损失赔偿限额为8000万元人民币（每人死亡赔偿限额10万元人民币）
保险费	年保费为3125万元人民币

资料来源：诚泰财产保险股份有限公司。

表7-2　　大理市2014年以来地震参数保险理赔情况

地点	震级	经济损失（百万元）	赔付金额（百万元）	理赔覆盖率
大理云龙	5.0	96.00	28	29.17%
大理漾濞	5.1	137.90	28	20.30%
大理漾濞	6.4	2059.81	40	1.94%

数据来源：诚泰财产保险股份有限公司。

表7-2显示，索赔金额均低于实际损失。其中最大的理赔覆盖率，即赔付与实际损失的比率，为29.17%。这表明赔付和实际损失之间的差异相当大，基差风险很高。基差风险的存在使指数保险处于低需求状态（Smith 和 Watts，2009；Miranda 和 Farrin，2012；Clement et al.，2018）。然而，指数保险可以提供一个新的机会来覆盖任何纯粹的风险，只要损失事件和所选择的参数之间存在统计上显著的相关性。在传统保险成本过高

或不可行的情况下，它可以保护发展中国家的弱势群体免受自然灾害的影响，同时减少道德风险和逆向选择问题。云南省地震参数保险就是一个很好的例子。为了提高这种参数保险的效率，应该降低基差风险。因此，本案例旨在通过利用贝叶斯空间分位数回归模型（模型介绍详见第本章）分析经验损失与所选参数之间的关系，依据参数重新定义赔付机制和保费，从而降低云南省地震指数保险的基差风险。

二、数据分析

（一）云南省地震风险评估

考虑到自然灾害背景下的风险，Fournier d'Albe（1979）提出了一个新的定义，该定义不仅强调自然现象的严重性，而且强调暴露要素的脆弱性。这个概念后来扩展到所有的自然灾害。在自然灾害的背景下，确定风险的三个组成部分：危险性、暴露度、脆弱性被用作标准（Coburn et al.，1991；Alexander 和 Alexander，2000；Mechler，2004），本部分从这三个方面对云南省地震风险进行评估。

1. 危险性

Assembly（2016）指出，地震灾害可定义为具有潜在破坏性的地震，可能造成生命损失、伤害或其他健康影响、财产损失、社会和经济破坏或环境退化。地震学家和地震工程师根据强地震动的工程参数来定义地震危险性。这里的危险性重点考虑的是地震所造成的破坏程度，地震震级和震源深度等参数，来描述地震的危险性。地震震级是地震的总体强度或“大小”。不同震级的地震会造成不同程度的破坏。通常，当震级在 2.5 级或以下时，人们感觉不到地震，但可以用地震仪记录下来；当震级在 2.5—5.4 级时，可以感觉到地震，但只造成轻微的破坏；当震级在 5.5—6.0 级时，地震会对建筑物和其他结构造成轻微的破坏；当震级在 6.1—6.9 级时，地震可能会在人口密集的地区造成大量破坏；当震级在 7.0—7.9 级时，地震会造成严重的破坏；当震级达到 8.0 级或更高时，地震可以完全摧毁震中附近的社区。根据震级，地震大致可分为以下六类（见表 7-3）。

表 7-3　　按照震级划分地震类别

类别	小	较小	中	大	较大	极大
震级	3—3.9 级	4—4.9 级	5—5.9 级	6—6.9 级	7—7.9 级	8 级及以上

一般来说，地震的频率与其震级呈负相关，即震级越大，频率越低。云南是我国西南边境省份，地震频发。图 7-1 显示了 2012—2019 年云南省发生的地震。从图中可知，大多数地震的震级都在 3 级以下，这意味着人们感觉不到地震。这一时期，也发生了轻、中地震，不过频率较低；而强烈地震的发生频率则更低。该图还显示，云南省 16 个地区的地震频率和严重程度差异很大。大理、丽江、昭通、宝山、德宏等地区风险较高；怒江、曲靖、文山、红河风险较低；其他地区的风险为中等。

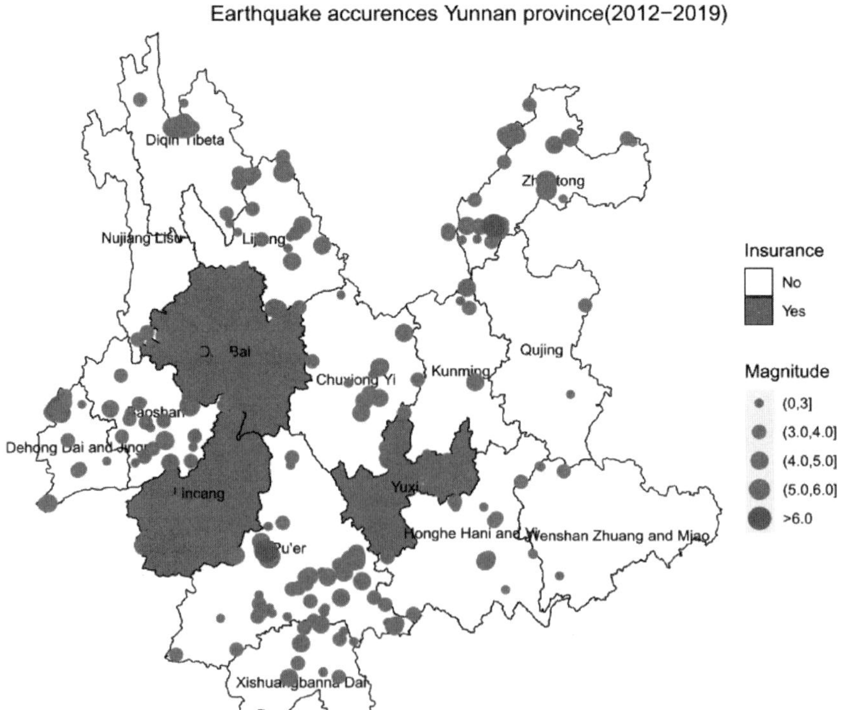

图 7-1　2012—2019 年云南省地震发生情况

资料来源：图 7-1 至图 7-9 均来源于 Pai et al.（2022）。

除了震级，震源深度也可以用来描述地震的严重程度，它是指地震的深度。地震可以发生在地球表面到地表以下约 700 千米的任何地方。根据震源深度，地震可分为浅源地震（震源深度 0—70km）、中源地震（震源深度 70—300km）和深源地震（震源深度 300—700km）三类。通常，震源深度越小，地震造成的破坏就越大。由于最大程度的破坏是由浅层地震造成的，因此所提出的模型不包括震源深度。

2. 暴露度

地震风险暴露度是衡量地震造成的未来潜在损失的一种措施。一般来说，暴露是指处于在地震危险中的人数和财产数额，这对于估计地震造成的损失非常重要。同一震级的地震，由于不同地区暴露程度不同，所造成的损失也不同。从历史记录来看，我国西南地区地震的频率和严重程度高于东北地区。但是，由于东北地区的暴露程度较高，如人口密度和经济水平较高，地震造成的损失可能要大得多。即使在同一省份，不同地区的风险暴露程度也可能不同。根据 2018 年的一项省级调查，云南有 4829.5 万人口，分布在 16 个地区。

图 7－2（a）为云南省人口分布情况。由于难以确定财产的数量，因此使用国内生产总值（GDP）作为经济水平的代表。众所周知，毁灭性地震在高经济水平地区造成的损失可能很大，而在低经济水平地区造成的损失相对较小。在云南省，不同地区的 GDP 差异很大。图 7－2（b）为 2018 年云南省不同地区的国内生产总值。从图中可知，云南省省会昆明的 GDP 最高，怒江的 GDP 最低。很明显，暴露程度与人口和经济水平呈正相关。同样，用一个地区的 GDP 或人口除以最小的地区的 GDP 或人口，就可以计算出相对值。然后用人口和 GDP 的标准化指数之和来估计各地区的总体暴露指数。图 7－3 为云南省 16 个地区的总体风险暴露指数。

3. 脆弱性

脆弱性可被定义为某一特定震级或强度的地震对某一特定或一组特定危险要素造成的损失程度，也可被看作是对个人、家庭或社区减轻、准备或应对地震危险的能力产生不利影响的一系列普遍或相应的条件。脆弱

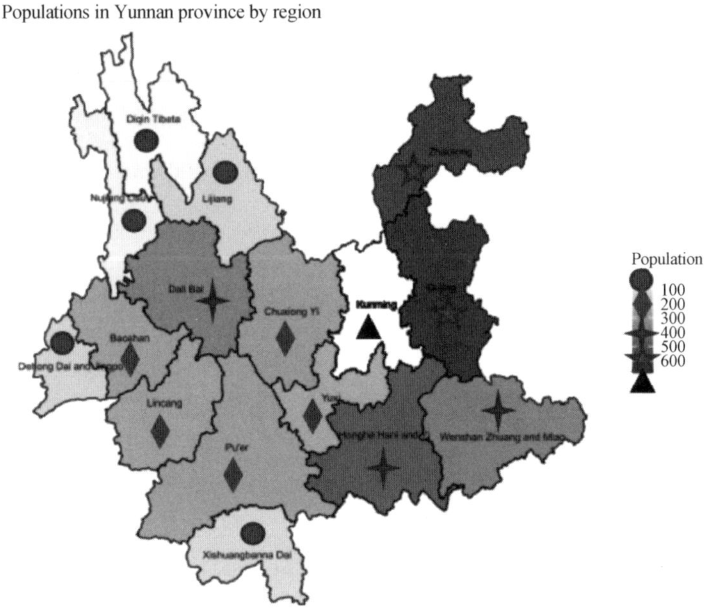

(a) Population

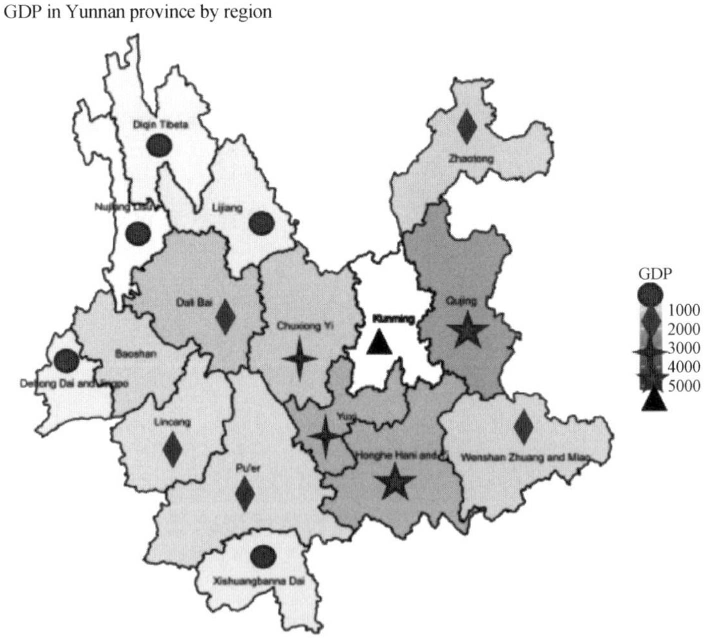

(b) GDP

图 7-2 云南省各地区人口及 GDP

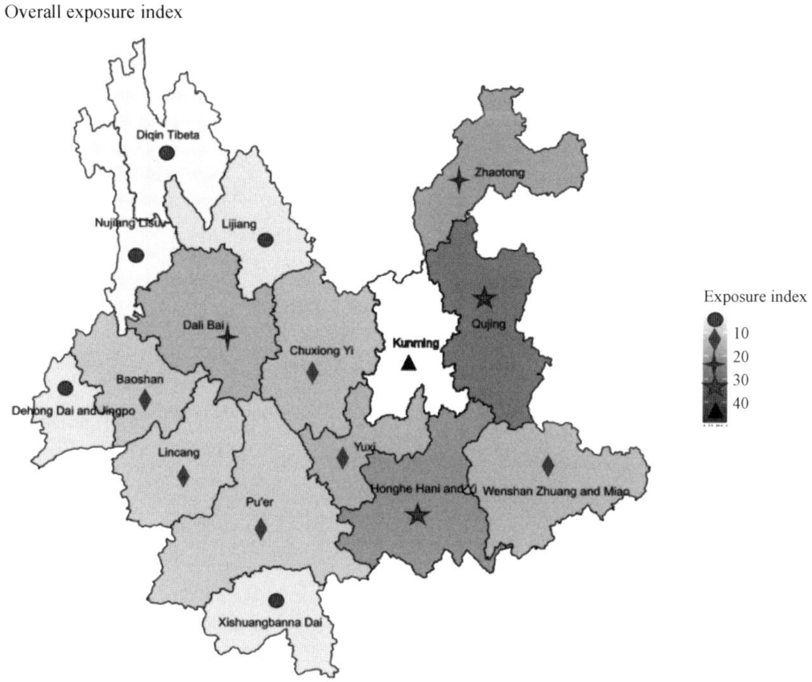

图 7-3　云南省总体风险暴露指数

性是由一系列因素决定的，包括人口密度、实物资产的水平和性质，以及位于地震危险区的经济活动。Hays et al. （1998）将脆弱性分为三类：物理脆弱性、社会脆弱性和态度脆弱性。物理脆弱性是指建筑环境的薄弱和缺乏获得资源的途径，特别是低收入者。社会脆弱性是指应对机制的薄弱，缺乏弹性，缺乏保证。态度脆弱性是指宿命论、无知和低水平的意识。Duzgun et al. （2011）提出了一种使用整体脆弱性指数的综合脆弱性评估框架。整体脆弱性以结构脆弱性（易碎性）、社会经济脆弱性和关键服务可及性指数的加权平均值计算。Flanagan et al. （2011）指出，灾害的脆弱性受到多种因素的影响，并利用四个领域构建了社会脆弱性指数：（1）社会经济地位；（2）家庭构成/残疾情况；（3）少数民族身份和语言；（4）住房和交通。包括收入、贫困和就业在内的 15 个变量被考虑在内。由于本部分的重点是地震灾害的脆弱性，因此考虑了三种类型的变量：Hays et al. （1998）讨论的社会经济地位、住房和态度脆弱性。此外，住房质量是评估灾害脆弱性的一个重要因素，与个人财富密切相关。这意味着贫穷的人通常住在建造差的房子里，特别容易受到地震或其他灾害的影响（Morrow，1999；Peek - Asa et al.，2003；Tierney，2006）。因此，农村人口的百分比和工人的年工资被认为反映了社会经济地位和住房质量，保险密度和保险深度被认为是态度脆弱性的度量。

在以上四个变量中，农村人口比例越高，脆弱性越高；而对于其他三个变量，值越高，脆弱性越低。因此，使用了年工资、保险密度和保险深度的倒数。然后将值最低的范围设为1，得到四个变量各自的相对值，其他区域的相对值与最低值比较即可得到。然后整体脆弱性为计算所有四个变量的相对值的总和。利用《云南统计年鉴（2019）》的数据，计算了16个区域的整体脆弱性（见图7-4）。从中可以看出，昭通市的脆弱性指数最高，而省会昆明的脆弱性指数最低。

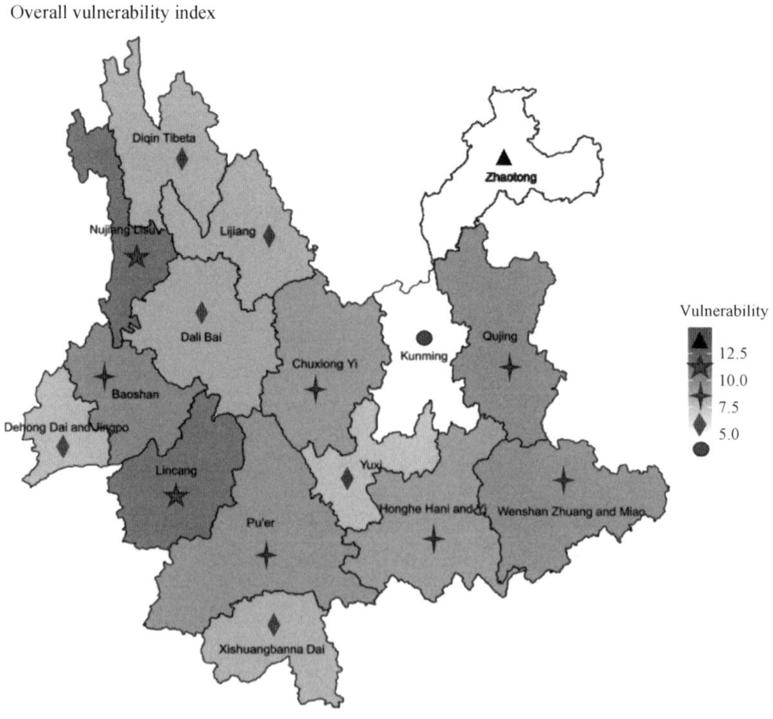

图7-4 云南省总体脆弱性指数

（二）数据描述和模型构建

本部分收集了来自地震局的云南省1992—2019年4.5级以上地震造成的共90次经济损失的数据。经济损失已通过GDP进行调整，消除了时间效应；表7-4提供了统计总结，从中可以看出经济损失过于分散，存在极值。图7-5（a）显示了经GDP调整后的经济损失的直方图以及这些损失的过度分散。对损失数据取对数以减少过于分散的情况，如图7-5（b）所示。图7-5（c）为地震震级直方图。从图中可以看出，所有地震的震级都在4.5—8级，大多数地震的震级都小于6.5级。经济损失与地震震级的关系如图7-6所示，其中，$(y(s_i))$为经GDP调整后的经济损失，$x_1(s_i)$为地震震级。四个QRs（$\tau=0.25$、0.5、0.9、0.95）和平均回归拟合数据。从图中可以看出，即使震级相同，地震造成的损失也相差很大；因此均值回归是不合适的。此外，分位数与地震震级之间呈线性关系，可以使用分位数回归来拟合该数据集，模型介绍详见第本章。由于震中的风险暴露和脆弱性无法直接观察到，并且在模型中被视为潜在变量，所以无法呈现它们与经济损失之间的关系。

表7-4　　经济损失汇总统计（万元）

Statistic	Value	Statistic	Value
min	1.69	min	25969.18
mean	1588.84	mean	3688.14
1st quantile	154.78	3rd quantile	1520.65

为了构建由式（7-8）定义的模型中风险暴露和脆弱性的先验分布，收集了县级数据，包括GDP、总人口、农村人口、职工年工资、保险密度和深度。利用这些数据，计算每个县的风险暴露和脆弱性，并用于计算先验分布的平均值。云南省共有129个县，采用本章所讨论的方法计算每个县的风险暴露$x_3(s_i^*)$和脆弱性$(x_4(s_i^*), i=1,\cdots,129)$。其中，以200km为阈值定义地震震中$s_i$的邻居，采用高斯核函数计算权重。采用k近邻原则选择核函数中的平滑参数h。

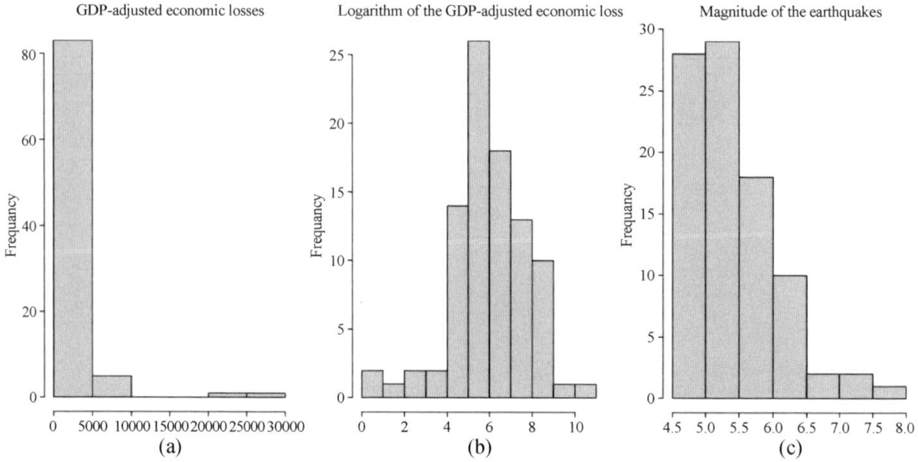

图 7-5 地震经济损失与震级直方图

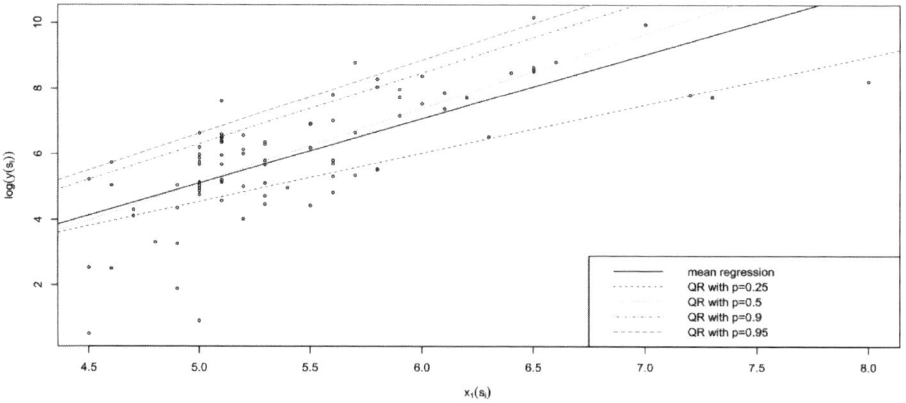

图 7-6 经济损失 vs 地震震级

（三）模型估计和模型比较

采用贝叶斯方法对模型中的参数进行估计，并使用了执行 MCMC 算法的 WinBUGS。在 MCMC 迭代中，运行具有不同初始值的三条链来检验算法的收敛性。以 $\tau = 0.9$ 的 QR 模型为例，其 MCMC 迭代的历史图如图 7-7 所示。从图中可以看出，经过 2500 次迭代后，所有系数的链混合良好，这意味着算法收敛。为了保证模型在所有分位数水平上的收敛性，在 5000 次迭代后对样本进行后验推理。贝叶斯估计如表 7-5 所示，其中，M_f 表示包含所有协变量的完整模型；β_1 表示截距，β_2、β_3、β_4 分别为地震震级、风险暴露和脆弱性对应的系数。从表 7 - 5 可知，β_3 的估计值为 0.02，其 95% HPD 区间包含 0。由此可见，风险暴露对地震损失的影响不显著。因此，考虑另一个没有风险暴露的模型（M_{-x3}）；结果如表 7 - 5 所示。此外，还拟合了仅含一个协变量（即地震震级）的简单模型 M_s。为了比较这三种模型的性能，计算了每种模型的 DIC。结果表明，完整模型 M_f 获得的 DIC 值最小，可以得出 M_f 的性能优于其他两种模型。从系数的估计来看，在分析地震损失时应同时考虑脆弱性和暴露性。风险暴露对地震的影响小于脆弱性的影响。

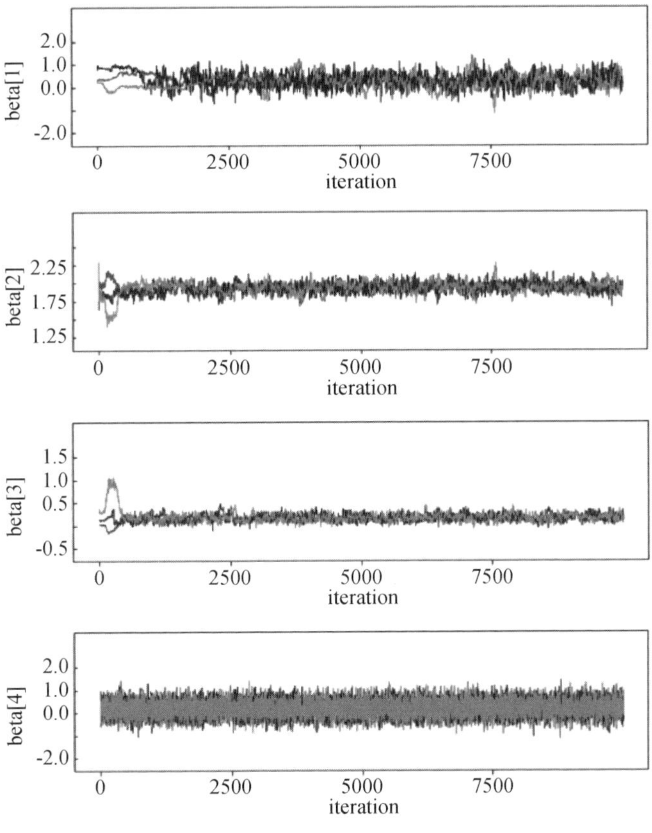

图 7 - 7　完整模型的 MCMC 迭代，τ = 0.9

表 7－5　　$\tau=0.9$ 的分位数回归参数估计

Mddel		β_1	β_2	β_3	β_4	σ	DIC
M_f	est	0.18	1.92	0.02	0.25	0.16	1948
	sd	0.28	0.08	0.01	0.08	0.04	
	95% HPD	(－0.38, 0.72)	(1.76, 2.07)	(－0.00, 0.05)	(0.09, 0.41)	(0.12, 0.2)	
M_{-x_3}	est	0.22	1.94	—	0.30	0.16	1955
	sd	0.31	0.09	—	0.12	0.07	
	95% HPD	(－0.38, 0.72)	(1.73, 1.95)	—	(0.00, 0.65)	(0.11, 0.2)	
M_s	est	0.34	2.12	—	—	0.18	1963
	sd	0.32	0.06	—	—	0.05	
	95% HPD	(－0.3, 1.0)	(1.99, 2.12)	—	—	(0.14, 0.20)	

三、费率厘定

（一）赔付计算

与传统保险不同，指数保险的赔付与触发参数相关，赔付金额 $C_k(k=1,\cdots,7)$ 是预先确定的。根据 QR 的估计，赔付金额 $C_k(k=1,\cdots,7)$ 可由式（7－12）计算。这个等式中，需要风险暴露、脆弱性和震级 $f(x_2(s_i))$ 的分布。在上一部分中，计算了云南省各县的风险暴露度和脆弱性。然后可以使用相应县的平均值估计 16 个地区的风险暴露和脆弱性。为了得到震级 $f[x_2(s_i)]$ 的分布，收集了 1950—2020 年云南省 4 级以上地震的历史记录。初步分析后，采用截断伽马分布和截断对数正态分布对数据集进行拟合。截断伽马分布和截断对数正态分布的 AIC 值分别为 834.4 和 833.3。可推断截断对数正态分布优于截断伽马分布。图 7－8 还显示，截断对数正态分布与数据集拟合良好，可以选择作为 $f(x_2(s_i))$ 的理论分布。

利用暴露度、脆弱性和震级分布，可以使用蒙特卡罗模拟计算区域 s_i 的赔付。具体流程如下：

由 $f[x_2(s_i)]I_{x_2(s_i)}(b_k,b_{k+1})$ 生成 $x_2(s_i)'$，其中，$f[x_2(s_i)]$ 为上述地震震级的拟合密度函数，$f[x_2(s_i)]I_{x_2(s_i)}(b_k,b_{k+1})$ 表示 (b_k,b_{k+1}) 中的截断分布。

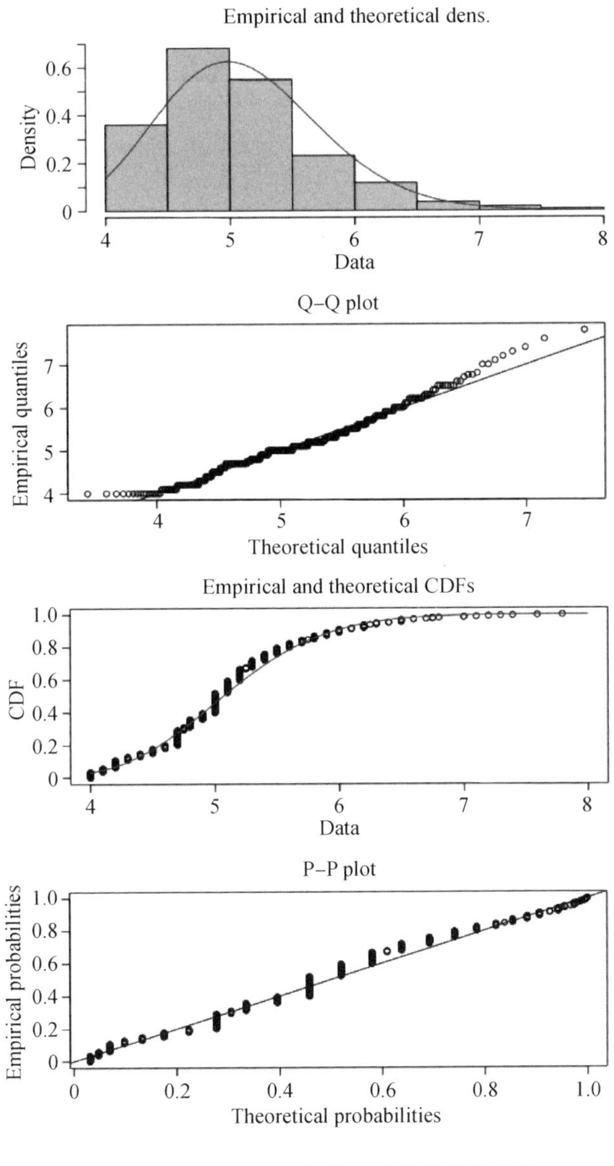

图 7-8 1950—2020 年云南省地震震级分布

—由 $U(0,1)$ 生成 $\tau^J(j=1,\cdots,J)$，得到 QR 模型中系数 $\hat{\beta}_\tau^J$ 的贝叶斯估计。

--使用新的协变量 $x(s_i)^t=[1,x_2(s_i)^t,\bar{x}_3(s_i),\bar{x}_4(s_i)]$，计算第 τ^J 个

分位数 $\hat{Q}^{t,j}{}_{y(s_i)} = [\tau^J \mid x_2(s_i)^t, \bar{x}_3(s_i), \bar{x}_4(s_i)] = \exp\{x(s_i)^t \hat{\beta}^j{}_\tau\}$，其中，$\bar{x}_3(s_i), \bar{x}_4(s_i)$ 分别表示 s_i 区域的平均风险暴露和脆弱性。则对 $\mu^{t,j}[\hat{x}(s_i)]$ 的估计可计算为 $\hat{\mu}^t[x(s_i)] = \frac{1}{J}\sum_{j=1}^{J} \hat{Q}^{t,j}{}_{y(s_i)}[\tau^J \mid x_2(s_i)^t, \bar{x}_3(s_i), \bar{x}_4(s_i)]$

重复上述步骤 T 次。对 C_k 的估计可得到：

$$\hat{C}_k = \frac{1}{T}\sum_{t=1}^{T} \hat{\mu}^t(x(s_i)) \tag{7-16}$$

设 T = 1000。结果如表 7 - 6 所示。由表可知，震级越大，赔付金额越高。在相同的触发参数间隔下，昭通的赔付水平最高，迪庆的赔付水平最低。另外，昆明（云南省会）的赔付比昭通少得多。根据之前的讨论，昆明的风险暴露度等级最大，脆弱性最低，昭通的脆弱性等级最高，迪庆的风险暴露等级最低。表 7 - 6 的结果表明，风险暴露和脆弱性对经济损失都有影响，但脆弱性对地震损失的影响大于风险暴露对地震损失的影响。结论与上文中分位数估计的结果一致。

表 7 - 6　　云南省参数保险赔付情况　　（单位：万元）

	[5, 5.5)	[5.5, 6)	[6, 6.5)	[6.5, 7)	[7, 7.5)	≥7.5
昆明	88	132	357	960	2783	24128
曲靖	134	205	560	1588	4687	41811
玉溪	76	116	325	882	2483	23480
保山	117	178	507	1403	4217	39078
昭通	206	316	923	2570	7609	74965
丽江	81	125	332	957	2848	25642
普洱	92	140	394	1096	3247	31566
临沧	100	154	422	1249	3548	31458
楚雄	76	116	315	895	2609	23501
红河	92	141	395	1095	3145	27665
巍山	111	170	470	1350	3936	33758
西双版纳	77	117	316	890	2514	23032
大理	88	135	379	1063	3040	27526
德宏	82	121	349	963	2861	26066
怒江	84	128	363	1029	2979	26728
迪庆	69	105	284	791	2325	20294

根据上述赔付机制，发生在大理和玉溪的两次地震理赔发生了变化。新的付款赔付列于表7-7。可以看出，理赔覆盖率显著提高。通过对实际发生损失与投保损失之差的分析，与云南省现行地震指数保险相比，降低了基差风险。结果表明，所建立的贝叶斯QR模型反映了地震经济损失与三个风险因素之间的关系，能较准确地估计地震经济损失，而且可以计算出合理的赔付机制，以降低基差风险。

表7-7　　云南省地震参数保险理赔情况

位置	震级	经济损失（百万元）	赔付（百万元）	理赔覆盖率（%）
大理云龙	5	96	88	92.54
大理漾濞	5.1	137.9	88	64.4

（二）地震指数保险的定价

利用该赔付机制，云南省各地区的保险费 s_i^* $(i=1,\cdots,16)$ 可按式(7-13)计算，其中要求期望损失频率 $E(N|x_2(s_i^*))$。本部分采用拟合震级分布的云南省1950—2019年地震发生数据来估计地震频率。表7-8提供了统计总结。用平均值作为云南省地震总频率的估计。这意味着，平均而言，云南省发生了大约14次4级以上的地震。此外，如果发生地震，震中属于区域 s_i^* 的概率也可以从数据集中估计出来。此外，利用震级 $x(s_i^*)$ 的分布，可以估计频率 $E(N|x_2(s_i^*))$。结果如表7-9所示。

表7-8　　1950—2020年云南省地震频次汇总统计

Min	Mean	Median	Sd	Max
2	13.89	12	10.53	37%

表7-9　　云南省各区域地震频次

	[5, 5.5)	[5.5, 6)	[6, 6.5)	[6.5, 7)	[7, 7.5)	≥7.5
昆明	0.036	0.018	0.006	0.002	7.20E-04	2.30E-04
曲靖	0.018	0.009	0.003	0.001	3.60E-04	1.20E-04

续表

	[5, 5.5)	[5.5, 6)	[6, 6.5)	[6.5, 7)	[7, 7.5)	≥7.5
玉溪	0.078	0.039	0.014	0.005	1.57E-03	5.10E-04
保山	0.157	0.078	0.027	0.010	3.14E-03	1.02E-03
昭通	0.096	0.048	0.017	0.006	1.93E-03	6.30E-04
丽江	0.120	0.060	0.021	0.008	2.39E-03	7.80E-04
普洱	0.217	0.109	0.038	0.014	4.35E-03	1.41E-03
临沧	0.066	0.033	0.011	0.004	1.31E-03	4.30E-04
楚雄	0.114	0.057	0.020	0.007	2.29E-03	7.40E-04
红河	0.036	0.018	0.006	0.002	7.20E-04	2.30E-04
巍山	0.030	0.015	0.005	0.002	5.90E-04	1.90E-04
西双版纳	0.090	0.045	0.016	0.006	1.80E-03	5.90E-04
大理	0.078	0.039	0.014	0.005	1.57E-03	5.10E-04
德宏	0.084	0.042	0.015	0.005	1.67E-03	5.40E-04
怒江	0.012	0.006	0.002	0.001	2.30E-04	8.00E-05
迪庆	0.048	0.024	0.008	0.003	9.50E-04	3.10E-04

根据式（7-13）可计算出净保费。设 $\alpha=5\%$ 为附加系数。得出了云南省16个地区的毛保费情况，结果如图7-9所示。从数字来看，昭通市的保费最高，其次是普洱、大理、德宏和宝山。怒江、昆明、文山等地因地震风险低，则保费较低。该图也可以看作是云南省的地震风险图；保费越高，地震风险就越高。

比较目前大理的地震指数保险，保费从3125万元增加到4300万元。这是因为赔付金额的增加，如最低赔付金额从2800万元增加到8800万元，最高赔付金额从4.2亿元增加到275.26亿元。从这个角度来看，表7-6中的赔付机制和式（7-15）中的保费比大理目前的保险要合理得多。

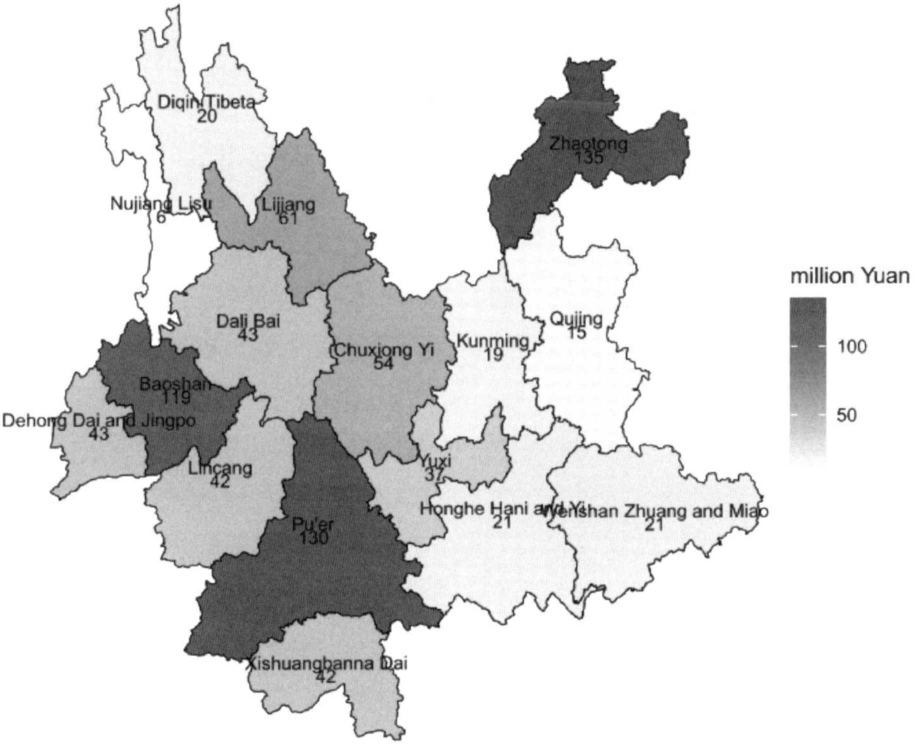

图 7－9　云南省地震指数保险保费

第四节　本章小结

云南省位于中国西南部，地震风险较高。为应对地震风险，2014 年大理推出了指数保险，随后推广到玉溪和临沧。指数保险有很多优点，但也有局限性，如基差风险。从理赔记录来看，目前云南省地震保险保障不足，存在基差风险。为了降低基础风险，本章分析了经济损失与地震危险性、风险暴露度和脆弱性这三个风险因素之间的关系。由于地震风险频率低、损失程度高的特点，均值回归不合适用于建模。因此，本章采用叶斯空间分位数回归模型使用贝叶斯方法估计未知参数。同时，考虑了空间相关性，构建了风险暴露和脆弱性的先验分布，根据提出的模型和方法，本章在实证研究部分计算了云南省 16 个地区的赔付和保费。以大理州为例，理赔覆盖率分别从 29.17% 和 20.3% 上升至 92.54% 和 64.4%，基差风险降低。此外，损失率从 29.87% 增加到 77.36%，这意味着结果是合理的，本文讨论的模型和方法也可以用于再保险和巨灾债券的定价。

第八章　地震巨灾保险定价

第一节　地震巨灾保险主要模式

一、政府主导模式

（一）新西兰地震保险

新西兰地震保险属于典型的政府主导模式，作为附带在火灾保险中的强制性险种，其主要依靠政府进行运作（丁少群和王一婕，2016）。1944 年新西兰政府颁布了《地震与战争损害法》，并成立了新西兰地震委员会（EQC）。EQC 由政府主办，国家财政出资，保障由地震、山体塌方、火山爆发、海啸和地热运动等自然灾害造成的损失，政府承担全部的巨灾风险损失赔偿责任。居民会被强制征收地震巨灾保险和火灾保险保费，地震保险保费为每户每年 60 新元左右，新西兰的房屋大多购有家庭财产商业保险，当居民购买了住宅或家庭财产火灾保险时就自动获得了地震灾害保险，给保险公司的保费中就含有向地震委员会给付的保费。保险公司负责家庭财产地震保险保费的代收代缴，保险公司在收取保险费之后，扣除必要的手续费，剩下的缴入自然灾害基金，由 EQC 管理，具体内容如表 8－1所示。

表 8－1　　　　新西兰地震保险具体内容

承保标的	不动产及家庭财产
承保方式	住宅火险附加险，半强制投保

续表

承保范围	地震、自然塌方、火山爆发、海啸及其引发的火灾、洪水等	
保险费率	单一费率（投保人按全国统一费率5‰投保地震险，保险费率为50新元投保10万新元）	
损失分担方案	保险赔款	责任分配主体
	低于2亿新元	新西兰地震委员会
	2亿—7.5亿新元	再保险人和EQC
	7.5亿—20.5亿新元	超额损失保险
	超过20.5亿新元	自然灾害基金和新西兰政府

资料来源：作者自行整理。

（二）我国城乡居民住宅地震保险

我国城乡居民住宅地震保险采用政府主导模式，依托财政支持，建立补贴机制。2015年，四川省率先开展城乡居民住房地震保险试点工作，政府实行保费补贴政策，规定投保人承担40%的保费，各级财政承担60%的保费，而农村散居五保户、城乡低保对象、贫困残疾人涉及的最低档自付保费，则由省、市县财政按各50%的比例全额承担。自政策实施以来，截至2021年8月底，城乡居民住宅地震巨灾保险制度已累计为全国1554万户次居民提供了6125亿元的巨灾风险保障。2024年3月，金融监管总局、财政部印发《国家金融监督管理总局 财政部关于扩大城乡居民住宅巨灾保险保障范围进一步完善巨灾保险制度的通知》将城镇居民最低档次保险金额提升至10万元，农村居民最低档次保险金额提升至4万元，具体内容如表8-2所示。

表8-2　　我国城乡居民住宅地震保险地震保险具体内容

承保标的	试点地区居民自有的，用于生活且长期居住的永久性房屋，不包含室内外附属设施和室内财产
承保方式	强制供给、自愿投保
承保范围	地震（因震级M5级及以上的地震及由此在72小时内引起的泥石流、滑坡、地陷、地裂、埋没、火灾、火山爆发及爆炸造成的）

续表

<table>
<tr><td>保险费率</td><td colspan="3">差异化费率（农村承保费率为 0.23%，城镇承保费率为 0.06%，按地震发生可能性及破坏程度，将全省 21 个市州分为 4 档，农村为 0.11%—0.55%，城镇为 0.02%—0.16%）</td></tr>
<tr><td rowspan="9">损失分担方案</td><td colspan="2">保险赔款</td><td>责任分配主体</td></tr>
<tr><td colspan="2">免赔额以内</td><td>投保人自留</td></tr>
<tr><td rowspan="2">不高于 8 亿元或当年实收保费的 8 倍（限额封顶时）</td><td>不高于 4.8 亿元</td><td>保险公司</td></tr>
<tr><td>高于 4.8 亿元、不高于 8 亿元</td><td>再保险</td></tr>
<tr><td rowspan="3">不高于 8 亿元或当年实收保费的 8 倍（保费倍数封顶时）</td><td>不高于当年实收保费的 4.8 倍</td><td>保险公司</td></tr>
<tr><td>高于当年实收保费的 4.8 倍、不高于当年实收保费的 8 倍</td><td>再保险</td></tr>
<tr><td>高于 8 亿元或当年实收保费的 8 倍</td><td>地震巨灾基金</td></tr>
<tr><td colspan="2">超过直保机构和再保险机构赔偿限额与地震保险基金余额总和</td><td>比例赔偿</td></tr>
<tr><td colspan="2">超过以上部分</td><td>政府财政</td></tr>
</table>

资料来源：作者自行整理，可参考郭丽楠等（2022）、陈巍和曾荻（2018）。

二、市场主导模式

美国地震巨灾保险是典型的市场主导模式，主要依靠市场进行经营管理（丁少群和王一婕，2016），其通过构建强制性保险机制来分散大部分巨灾风险，政府承担部分再保险人角色，当发生巨大赔付时，政府可以通过财政力量筹集赔付资金，也可以利用资本市场来转移风险、分摊损失（郑伟，2008；裴鑫，2021）。以美国加州为例，1996 年加州通过立法方式出台了相关法律并成立了加州地震局（California Earthquake Authority，CEA），由政府特许经营并参与管理，专营地震保险业务，承保房屋、室内财产以及地震造成的其他必要费用，政府只提供政策支持，不承担连带责任，具体内容如表 8 -3 所示。

表 8 -3　　美国加州地震保险具体内容

承保标的	住宅、私人财产等
承保方式	强制供给，自愿投保
承保范围	地震导致的财产损失

续表

保险费率	差异化费率（将加州划分为19个费率区，费率水平从0.11%—0.525%）	
损失分担方案	保险赔款	责任分配主体
	低于10亿美元	CEA
	10亿—40亿美元	再保险公司和衍生品市场
	40亿—60亿美元	巨灾风险债券
	超过60亿美元	会员保险公司

资料来源：作者自行整理。

三、政府和市场结合模式

日本地震巨灾保险属于典型的政府和市场结合模式，其家庭财产地震保险采取火险附加险的半强制形式投保，由政府和保险公司共同运营。为了减少地震带来的危害，1966年日本政府出台了《地震保险法》，主要承保直接或间接由地震、火山喷发及其引发的海啸所造成的火灾、损毁和滑坡等损失，并成立了地震再保险株式会社（JER），为受到地震灾害的人们提供经济援助，对受损的房屋和家庭财产提供保障。由保险公司收取保险费，并将全部保险费转给JER，由JER自留50%的责任，剩下部分按一定比例分别由保险公司和政府承担，这种政商结合的方式，形成了“商业保险+再保险+政策性保险”三者结合的模式，具体内容如表8-4所示。

表8-4　　日本地震保险具体内容

承保标的	居民住房及其家庭财产	
承保方式	火险附加险，半强制投保	
承保范围	地震及其引起的火灾、洪水等造成的损失	
保险费率	差异化费率（将地震地域分为4个等级，依据地震大小划分地区及建筑物架构，平均约为0.5%—4.3%，对房屋的抗震性也进行了保费折扣）	
损失分担方案	保险赔款	责任分配主体
	0—1150亿日元	JER
	1150亿—11226亿日元	政府和直接保险公司
	11226亿—19250亿日元	政府和JER
	19250亿—37120亿日元	政府和直接保险公司
	37120亿—55000亿日元	政府和JER

资料来源：作者自行整理，可参考赵苑达（2003）、滕五晓和加藤孝明（2003）。

四、主要模式比较

本章第一节主要对国外地震保险模式进行分析，可以发现，这些国家和地区都制定了适合国情和特点的地震巨灾保险模式，且均有政府参与地震巨灾保险的运行，从政府参与后的运行效果来看，保费收入、保单数量和保险覆盖率都有了明显的提升。结合第三章中我国巨灾保险实践情况，从各个方面对以上几种保险模式进行了对比（见表8－5）。由该表可以发现，除了美国将地震保险列为独立保险外，日本、新西兰都将地震保险作为火险附加险来承保，这是因为国外发达国家家庭财产保险的投保率可达80%以上，主险的覆盖率较高从而提升了地震附加险的投保率；在保险费率方面，新西兰和我国台湾采用的是单一费率，而美国和日本采用的则是差异化费率；而在承保模式上，日本是自愿投保，其他国家和地区都采用的是强制或半强制投保，并由政府提供保费补贴；在风险分散模式方面则涵盖了原保险公司、再保险公司、地震专项准备金和政府等机构和部门。

表8－5　　国内外典型地震保险模式比较

国家/地区	核心机构	承保方式	运作形式	险种性质	保费筹集模式
美国加州	加州地震局	强制	市场主导	独立保险	个人＋政府
日本	再保险株式会社	半强制参保	政府与市场结合	火险附加险	个人＋政府
新西兰	地震委员会	半强制参保	政府主导	火险附加险	个人＋政府
中国台湾	住宅地震保险基金	强制	政府与市场结合	火险附加险	个人
云南大理	地震保险共同体	强制	政府主导	独立保险	政府
四川	中国城乡居民住宅地震巨灾保险共同体	自愿参保	政府主导	独立保险	个人＋政府补贴

资料来源：作者自行整理。

根据以上对比分析可以发现，国内外地震保险运行模式主要存在以下几个差异：

（一）承保方式

国外地震保险均采用强制/半强制的承保方式，我国地震保险的承保方式则包括强制方式（如台湾省和云南省大理州）和自愿参保模式两种模式。其中，采用强制承保模式的台湾省并非独立地震保险，而是火灾附加险的形式，与日本、新西兰相同；云南省大理州为独立地震保险，但保费全部由政府承担。通过对比分析发现，采用火灾附加险形式存在的地震保险基本上都采用了强制和半强制的承保形式；而在独立地震保险方面，美国和我国云南省大理州为强制方式，但美国的情况与我国不同，我国的保费全部由政府承担。

（二）运作形式

国外地震保险运作形式多为政府主导下的私有制或政府与市场结合的方式，而我国地震保险运作形式则更多采用政府主导的方式（如云南大理和四川省），这与新西兰的运作形式相同。其中四川省在政府主导下采取了个人和政府保费补贴结合的保费筹集模式，这与国外的保费筹集模式是相同的。相比美国、日本和新西兰，三个国家代表了三种典型的地震保险运作形式，而我国的地震保险运作形式则较为单一，这是由于我国的地震保险市场尚处于发展阶段，需要更多政策来支持和推动地震保险市场的发展。

（三）险种性质

日本和新西兰的地震保险性质为火险附加险，且采取半强制方式投保，但投保人在参与地震保险时会有政府的保费补贴，虽然我国台湾同样采取的是火险附加险，但是保费却由投保人独自承担。云南省大理州和四川省的地震保险性质与美国加州相同，均为独立保险，且都是政府主导，这与美国加州政府主导下的私有制不同，我国这两个地区保费筹集均有政府保费补贴。

（四）巨灾风险分散机制

美国以 CEA 作为政府主导的机构，同时利用了巨灾债券等资本市场工具来分散风险，对于超额损失，由会员保险公司进行额外分摊；日本通过 JER 作为商业保险公司与政府之间的桥梁，对于超额损失由政府承担兜底作用；新西兰以 EQC 作为政府主导的机构，政府承担无限赔偿责任。与国外相比，我国台湾地区设立了住宅地震保险基金 TREIF，而我国国内没有专司地震保险业务的机构，而是由 45 家财产保险公司组成的地震共保体来承担地震风险，该模式通过整合保险公司的承保能力，实施准备金的逐年累积，并合理划分损失层次，以此来构建一个稳健的风险分散体系。这种机制不仅增强了保险公司面对巨灾时的赔付能力，还通过逐年积累准备金，为未来可能出现的大型灾害事件提供了充足的资金储备。目前，该保险责任已扩展至台风、洪水、暴雨、泥石流和滑坡等地质灾害。

第二节 地震巨灾保险保费厘定方法

一、传统精算费率厘定原理

根据精算定价原理，保险保费由两个部分构成：纯保费和附加保费。其中，不同的附加保费计算方法形成了不同的费率厘定原理。假设保单 C 的损失为 L_c，最常用的精算费率厘定原理包括以下三个：

均值原理：$P_c = E(L_c) + \alpha E(L_c)$

方差原理：$P_c = E(L_c) + \beta Var(L_c)$

标准差原理：$P_c = E(L_c) + \gamma \sqrt{Var(L_c)}$

其中，第一项 $E(L_c)$ 为期望损失，即纯保费；第二项为附加保费，α、β、γ 为附加保费系数。附加保费系数的确定通常采用人为主观设置，例如 5% 等，取决于保险人对风险模糊性的认知，若风险模糊性越大，则附加保费系数就越大，设置时有较强的主观性。

在以上三种传统精算费率厘定原理中，均值原理以损失的期望值作为保费基础，关注的是整个保险产品的预期损失或赔付的平均水平。这种方法较为简单，适用于保险公司已经积累了丰富的历史数据，能够较为准确地估算赔付期望值的情况。方差原理不仅考虑赔付的期望值，还考虑赔付金额的波动性（即方差）。在定价时，保险公司通过计算赔付金额的方差，评估风险的大小，并据此调整保费。该原理基于赔偿金额的方差，强调赔付的波动性及其对保费的影响，能够更好地应对风险波动，确保保险公司在赔付大额索赔时的资金充足性。标准差原理是方差原理的简化形式，它专注于赔偿金额的标准差，即赔偿金额的波动程度，直接将赔偿金额的标准差作为附加保费，与方差原理相比，标准差原理通常更加直观易懂，计算上也相对简便一些。

二、期望效用原理

在运用期望效用原理厘定地震巨灾保险保费时，需要先了解我国地震巨灾损失分摊机制下的理赔机制。2016 年，中国保监会、财政部印发的《实施方案》中提出，按照“风险共担、分级负担”的原则进行损失分层，具体方案为：设定总体限额，由投保人、保险公司、再保险公司、地震巨灾保险专项准备金、财政支持等作为分担主体。在地震巨灾保险的分层赔付机制中，投保人负责承担第一层的小额损失；直接保险公司承担第二层损失；再保险公司则承担与分入保费相对应的第三层损失；地震巨灾保险专项准备金在专项准备金余额范围内承担第四层损失。一旦发生重大地震灾害，且损失超出前四层的赔付能力时，财政部门或巨灾债券等紧急资金安排将介入，承担第五层损失。如果第五层的财政支持和其他紧急资金未能完全到位，国务院保险监督管理机构将联合相关部门向国务院申请启动赔付比例回调机制。该机制以已到位的前四层分担额度、财政支持和紧急资金的总和为上限，对地震巨灾保险合同进行比例赔付。该风险分散机制如图 8 - 1 所示，其中，$P_i(i=1,2,3,4)$为各个主体保费/分入保费，或是准备金。根据《实施方案》中，在第五层财政支持和其他紧急资金安排无法全部到位的情况下还要启动赔付比例回调机制。本节假设前五层损失分摊主体可以全部安排损失赔偿责任，则可以得到具体的理赔机制，具体如表 8 - 6 所示。其中，$A_i(i=0,1,2,3,4)$为各损失分担主体所承担的最大赔偿责任，A_3 为地震巨灾保险专项准备金余额。

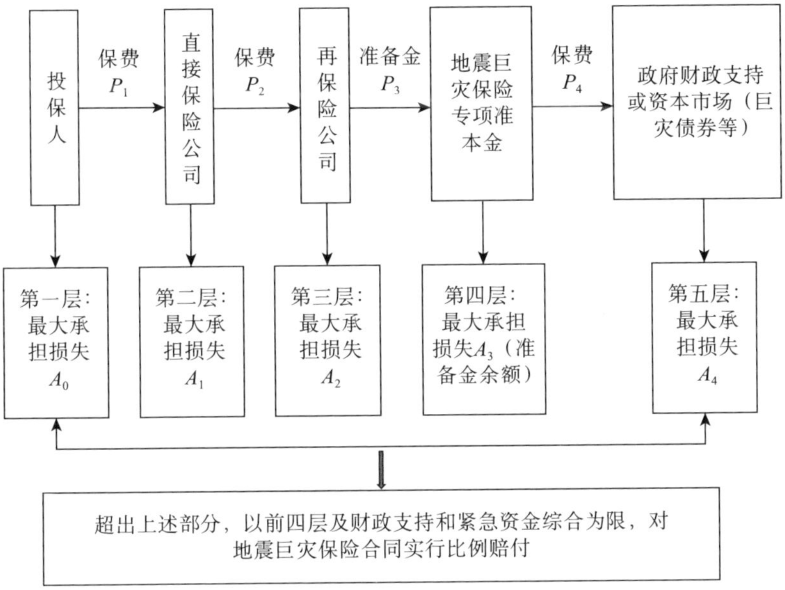

图 8－1　《实施方案》损失分摊机制

表 8－6　《实施方案》损失分摊机制下的理赔机制

风险范围	理赔主体			
	直接保险公司	再保险公司	地震巨灾保险专项准本金	政府财政支持或资本市场（巨灾债券等）
$A_0 < Y \leqslant A_1$	Y			
$A_1 < Y \leqslant A_1 + A_2$	A_1	$Y - A_1$		
$A_1 + A_2 < Y \leqslant A_1 + A_2 + A_3$	A_1	A_2	$Y - (A_1 + A_2)$	
$Y > A_1 + A_2 + A_3$	A_1	A_2	A_3	$Y - (A_1 + A_2 + A_3)$

在图 8－1 和表 8－6 的损失分摊机制和保险理赔机制下，进一步假设 $B_1 = A_1$，$B_2 = A_1 + A_2$，$B_3 = A_1 + A_2 + A_3$。则个主体承担损失赔偿责任的概率分别为：直接保险公司承担赔偿责任的概率为 $Pr(Y > A_0)$；再保险人承担赔偿责任的概率为 $Pr(Y > B_1)$；地震巨灾专项准备金承担赔偿责任的概率为 $Pr(Y > B_2)$。根据表 8－6 的理赔机制，可进一步计算各保费。龚日朝等（2011）提出了期望效用原理计算各风险分摊层应收取的保费或者计提的准备金，下面讨论该方法下巨灾保险费率的厘定。

首先，根据均衡原理，纯保费应该等于损失的期望，同时假定各层的保费在纯保费的基础上还需要附加安全系数，假设 $\lambda_i(i=1,\cdots,4)$ 为各层的安全系数。则类似龚日朝等（2011），可采用逆推法计算各层的保费。此外，计算第五层的保费 P_4，即政府财政支持或资本市场承担风险相应的保费。财政支持作为最后的再保险主体，当损失 $Y>B_3$ 时，承担超过 B_3 部分的损失，即 $Y-B_3$，则根据均衡原理，纯保费的计算公式如下：

$$E(Y-B_3 \mid Y>B_3)=\int_{B_3}^{\infty}(y-B_3)\frac{f_Y(y)}{1-F_Y(B_3)}dy \tag{8-1}$$

其中，$f_Y(y)$ 为损失随机变量 Y 的密度函数，$F_Y(\cdot)$ 损失损失随机变量 Y 的分布函数。损失随机变量 Y 的分布在第六章进行了讨论，根据第六章的研究结果，地震灾害经济损失的分布为混合分布。加上安全附加可得第五层的保费 P_4 为：

$$P_4=(1+\lambda_4)\int_{B_3}^{\infty}(y-B_3)\frac{f_Y(y)}{1-F_Y(B_3)}dy \tag{8-2}$$

其次，计算第四层地震巨灾专项准备金承担责任对应的上缴的准备金 P_3。当 $B_2<Y\leqslant B_3$ 时，巨灾准备金承担的赔偿责任为 $Y-B_2$；当 $Y>B_3$ 时，巨灾准备金承担的赔偿责任为 A_3。同时，假设第五层的再保险费由第四层风险分摊主体缴纳，则考虑安全附加后可得第四层收入的准备金 P_3 为：

$$\begin{aligned}P_3&=P_4+(1+\lambda_3)[E(Y-B_2 \mid B_2<Y\leqslant B_3)+A_3Pr(Y>B_3)]\\&=P_4+(1+\lambda_3)\left[\int_{B_2}^{B_3}(y-B_2)\frac{f_Y(y)}{1-F_Y(B_2)}dy+A_3(1-F(B_3))\right]\end{aligned} \tag{8-3}$$

第三层的再保险承担的责任为：当 $B_1<Y\leqslant B_2$ 时，承担的赔偿责任为 $Y-B_1$；当 $Y>B_2$ 时，承担的赔偿责任为 A_2。同时，假设第四层的再保险费由第三层风险分摊主体缴纳，则考虑安全附加后可得第三层再保险费 P_2 为：

$$\begin{aligned}P_2&=P_3+(1+\lambda_2)[E(Y-B_1 \mid B_1<Y\leqslant B_2)+A_2Pr(Y>B_2)]\\&=P_3+(1+\lambda_2)\left[\int_{B_1}^{B_2}(y-B_1)\frac{f_Y(y)}{1-F_Y(B_1)}dy+A_2(1-F(B_2))\right]\end{aligned} \tag{8-4}$$

最后，确定直接保险公司的纯保费率 P_1。假设保单数为 M，P_1 为每份保单的保费，则直接保险公司收到的总纯保费为 MP_1。根据免赔额的规定，假设每份保单的损失为 $x_i(i=1,\cdots,M)$，当 $A_0<x_i\leqslant A_1$ 时，直接保险公司承担的赔偿责任为 x_i；当 $x_i>A_1$ 时，承担的赔偿责任为 A_1，则直接保险公司承担的总赔偿责任为 $\sum_{i=1}^{M}(x_iI_{A_0<x_i\leqslant A_1}+A_1I_{x_i>A_1})$。同时，假设第三层、第四层、第五层的再保险费或准备金均由直接保险公司缴纳，则直接保险公司收取的保费还应包括 P_2，可得：

$$
\begin{aligned}
MP_1 &= P_2+(1+\lambda_1)E\Big[\sum_{i=1}^{M}(x_iI_{A_0<x_i\leqslant A_1}+A_1I_{x_i>A_1})\Big] \\
&= P_2+(1+\lambda_1)\sum_{i=1}^{M}\Big[\int_{A_0}^{A_1}x\frac{f_X(x)}{1-F_X(A_0)}dx+A_1(1-F_X(A_1))\Big]
\end{aligned}
\tag{8-5}
$$

其中，$f_X(\cdot)$ 和 $F_X(\cdot)$ 分别表示单份保单的损失密度函数和分布函数。有上式可得 P_1 为：

$$
P_1=\frac{P_2+(1+\lambda_1)\sum_{i=1}^{M}\Big[\int_{A_0}^{A_1}x\frac{f_X(x)}{1-F_X(A_0)}dx+A_1(1-F_X(A_1))\Big]}{M} \tag{8-6}
$$

由式（8-2）至式（8-6）即可得投保人购买地震巨灾保险所需要缴纳的保费 P_1。其中，要得到最终结果还需要知道 $f_X(\cdot)$ 和 $F_X(\cdot)$，即需要拟合每份保单损失的分布函数，具体的拟合方法可以由第六章得到。

三、基于 VaR 计算巨灾保险保费

期望效用理论是最为常用的厘定保费的方法，但在巨灾保险保费厘定中存在一定的局限性。第一，巨灾损失的分布通常不是常见的损失分布类型，其分布具有厚尾性，即存在极端损失的情况，极端损失通常会对期望损失的估计产生较大的影响；第二，期望效用原理无法描述尾部损失情况，即期望效用原理无法解决超大损失的情况。鉴于上述原因，VaR（Value at Risk，在险价值）方法能为保费计算提供精确的尾部风险量化依

据，使巨灾保费计算更加科学合理。田玲等（2013）提出了基于 VaR 对地震巨灾保险的定价进行研究。

VaR 的定义有很多种方法，常见的有以下两种：一种是指在一定时间段内持有者的资产可能会遭遇风险损失的概率为 $1-\alpha$ 的最坏情况下最小损失的大小；而另一种是度量某时间段投资资产所面临的风险大小 c 发生损失的最大值。总而言之，VaR 可以统一定义为：在一定的置信水平下，某一金融资产或投资组合在未来特定的一段时间内最大可能的损失。用数学公式可表示为：

$$P(\Delta L\Delta t \leqslant VaR_p) = p \tag{8-7}$$

其中，p 为给定的置信水平；ΔL 表示某一资产在某一持有时间 Δt 内的损失。从上式可知，VaR_p 表示在置信水平 p 下，某一资产持有时间 Δt 内的最大损失。在对地震风险进行分析时，当 Δt 取 1（年）时，VaR_p 可以表示为在置信水平 p 下，一年内由地震造成的最大可能损失。$1-p$ 描述了超过该最大可能损失的概率，当 p 取较大的值，超过该最大可能损失的概率就比较小。在用于地震保险定价时，可以根据保险人对未来风险的承受能力确定置信水平，再基于 VaR_p 对地震保险进行定价。

根据上述对 VaR 的介绍，在计算 VaR_p 时，需要先对一年内的地震巨灾损失分布进行拟合，具体的拟合模型和方法在第六章进行了讨论。本章第三节将采用实证分析说明基于 VaR 法的地震巨灾保费规模测算方法及过程。

第三节　实证分析：基于 VaR 法的保费规模测算

一、保险标的及保险责任

2015 年 8 月 7 日，云南省地震巨灾保险试点工作——大理州政策性农房地震保险试点正式签单落地，为大理州 82.43 万户农房和 356.92 万城乡居民提供每年 5 亿元的地震巨灾保险保障。该保险的保险标的是大理州农村住房及农村居民本人。保险责任为赔偿由地震或地震引起的次生灾害所造成的农房损失以及农村居民死亡，其中，农房的保险金额为2万元（为定值保险），人员死亡保险给付金额为10万元。

该险种的保险金额主要是基于当前农房的市场价格及恢复重建费用的评估所设定的。然而，由于地震风险具有明显的地域差别，不同地区地震风险不同，为了实现公平性原则，应该针对不同的风险等级厘定不同的保费。此外，由于农房的结构不同，其抗震程度也有所差异，抗震程度较高的农房风险水平就较低，因此还有必要考虑农房的具体结果。从当前的调查可以发现，云南省农房建筑结构大致分为五类：土搁梁结构、土木结构、砖木结构、砖混结构、框架结构。各种结构的农房占比具体如表8－7所示。

表8－7　　云南省农房分类占比

土搁梁	土木	砖木	砖混	框架
4.59%	45.71%	20.87%	25.35%	3.48%

资料来源：云南省住房和城乡建设厅。

另外，统计资料显示，2013年云南省农村常住人口为2789.5万人，总户数为950万户，户均住房面积为95平方米，现行保险方案中每户保险金额为2万，累积赔偿限额为30亿元。而据初步统计，云南省每年由地震灾害导致的平均损失为38.1亿元，即一般情况下该赔偿限额可以满足赔偿。地震发生后，具体的赔付标准如下：按照国家建筑物地震破坏等级划分标准（GB/T 24335－2009）的规定执行：全损或者推定全损赔偿比例为100%，部分损失的赔偿比例为25%—50%，轻微损伤赔偿比例为5%，基本完好的房屋不予赔偿。

二、农房地震损失拟合

（一）数据描述和模型构建

根据《中国近代地震目录》《中国古代地震灾情总汇》以及中国地震

局和国家统计局等网站，项目收集了1950—2013年的地震灾害损失数据。通常情况下，4.5级以上地震才会造成财产损失和人员伤亡，因此本章收集了4.5级以上，烈度在5度以上的地震灾害损失数据。剔除缺失数据后，共计获得114个农房损失数据。另外，由于经济发展水平不同，为消除经济发展对损失数据的影响，本节基于GDP对收集到的农房经济损失数据进行调整，将损失数据乘以2013年的名义GDP，再除以当年的名义GDP，这样就将所有经济损失调整到了2013年的经济水平。基于调整后的损失数据可得样本的描述性统计量，具体见表8-8。根据该表可知，最大经济损失为370400，最小值为731，均值为49493.89，偏度为2.066（大于0），由这些统计量可以发现，该样本数据较为离散，存在极端值，且由于偏度大于0，明显存在右偏。图8-2为该组损失数据的频率直方图及经验密度曲线，图8-3为QQ指数图。从图8-2可以看出，损失数据有一个长长的尾巴；图8-3中样本点呈现上凸形，表明该组数据存在厚尾现象。

表8-8　地震农房直接经济损失数据描述统计量　（单位：万元）

最小值	最大值	均值	中位数	偏度	峰度	标准差
731.0	370400	49493.89	10990	2.066	7.3973	74338.4

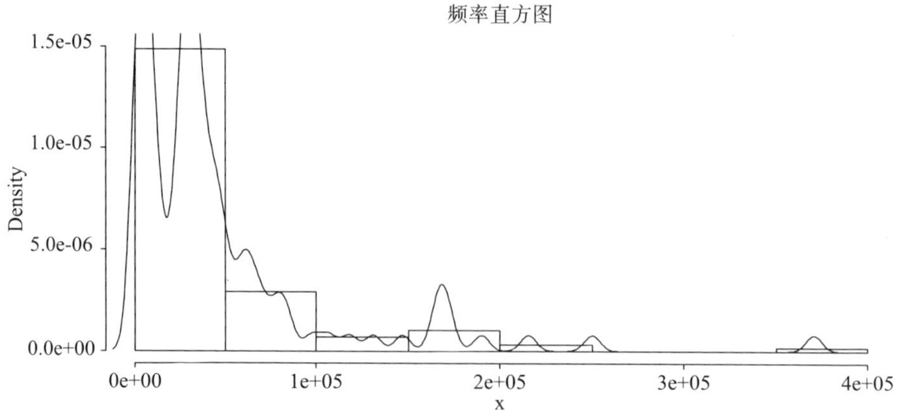

图8-2　地震农房直接经济损失数据频率直方图

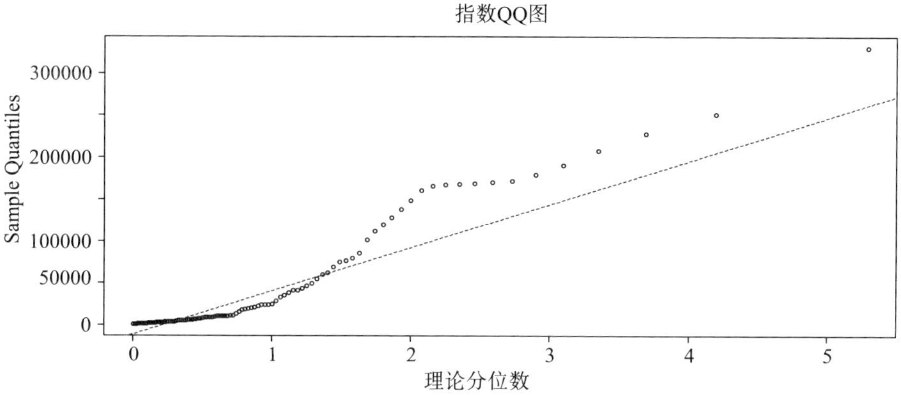

图 8-3　指数 QQ 图

根据上述分析，本节采用混合模型对这组损失数据进行分析，具体将采用以下三个混合模型（详见第六章）对数据进行分析：

1. 模型 m_1：伽马—GPD 混合模型

在假设下，损失随机变量 x 的分布函数为：

$$F(x|\alpha,\beta,\xi,\sigma,u)=\begin{cases}F_G(x|\alpha,\beta), & x<u\\ F_G(u|\alpha,\beta)+[1-F_G(u|\alpha,\beta)]G(x|\xi,\sigma), & x\geqslant u\end{cases} \tag{8-8}$$

其中，u 为阈值；$F_G(x|\alpha,\beta)$ 为伽马分布的分布函数，$\alpha>0$ 为形状参数，$\beta>0$ 为速率参数；$G(x|\xi,\sigma)$ 广义帕累托分布的（GPD）的分布函数，定义如下：

$$G(y|\xi,\sigma)=\begin{cases}1-\left(1+\dfrac{\xi y}{\sigma}\right)^{1/\xi}, & \xi\neq 0\\ 1-\exp(-y/\sigma), & \xi=0\end{cases} \tag{8-9}$$

其中，ξ 为形状参数，σ 为尺度参数。

2. 模型 m_2：对数正态分布—GPD 混合模型

在该假设下，损失随机变量 x 的分布函数为：

$$F(x|\mu,\sigma_l,\xi,\sigma,u)=\begin{cases}F_{LN}(x|\mu,\sigma_l), & x<u\\ F_{LN}(u|\mu,\sigma_l)+[1-F_l(u|\mu,\sigma_l)]G(x|\xi,\sigma), & x\geqslant u\end{cases} \tag{8-10}$$

其中，$F_{LN}(x|\mu,\sigma_l)$为对数正态分布的分布函数，μ 为位置参数，σ_l 为尺度参数。

3. 模型 m_3：威布尔分布—GPD 混合模型

当尺度参数为 $\lambda>0$，形状参数为 $\eta>0$ 时，威布尔分布的密度函数 $f_W(x|\lambda,\eta)$ 和分布函数 $F_W(x|\lambda,\eta)$ 分别为：

$$f_W(x|\lambda,\eta)=\frac{\eta}{\lambda}\left(\frac{x}{\lambda}\right)^{\eta-1}\exp\{-(x/\lambda)^{\eta}\},x\geqslant 0 \tag{8-11}$$

以及

$$F_W(x|\lambda,\eta)=1-\exp\{-(x/\lambda)^{\eta}\},x\geqslant 0 \tag{8-12}$$

则由威布尔分布和 GPD 组合的混合模型定义如下：

$$F(x|\theta_1,\theta_2,u)=\begin{cases}F_W(x|\lambda,\eta), & x<u\\ F_W(u|\lambda,\eta)+[1-F_W(u|\lambda,\eta)]G(x|\xi,\sigma,u), & x\geqslant u\end{cases} \tag{8-13}$$

（二）模型估计和模型比较

根据第六章讨论的贝叶斯统计方法可得各模型参数的估计，具体估计值在表 8-9 中给出。另外，为了选出最优模型，表 8-9 还给出了各模型的 DIC 值，其中可以看到模型 m_1 的 DIC 值最小，即模型 m_1 为最优模型，后面的费率厘定将基于 m_1 进行。

表 8-9　　模型参数的贝叶斯估计

模型 m_1	DIC	α	β	u	ξ	σ
	521.3	1.288	1.95	20270	0.205	2.785
模型 m_2	DIC	μ_l	σ_l	u	ξ	σ
	588.9	9.83	3.772	20530	0.217	2.68
模型 m_3	DIC	λ	η	u	ξ	σ
	603.2	2.65	2.94	20484	0.232	2.81

三、费率厘定

在确定损失分布后，便可进一步进行地震保险保费的厘定工作。根据田玲等（2013）的讨论，当样本量较小时，可以根据所得损失模型进行数据模拟，然后基于模拟数据计算不同的风险容忍度（或置信水平）下的VaR值，即不同的保费规模（保费规模是指应对年度地震损失所需要募集的总保费）。首先，基于最终估计得到的模型 m_1 进行仿真数据模型，本节模拟了10000个仿真损失数据，该组数据的描述性统计量在表8-10中给出。根据该组数据即可得到不同置信水平下的VaR值，即最大可能损失，并根据VaR值得到不同风险容忍度下的保费规模，具体结果见表8-11。从表8-11可以看出，保费规模随着置信度的不同会有较大的差别，99%置信度下的保费规模为42.46亿元，而95%置信度下则为26.95亿元，地震风险的小概率使两者产生了15.5亿元差距。表8-11中保费规模的测算是基于总体经济损失所得到的，要计算房屋损失需要对农房的经济损失进行具体分析。然而，在实际中由于历史数据的缺失，无法获取农房历史损失数据。根据近两年的地震损失数据统计发现，房屋经济损失占了总经济损失的40%左右，因此在总体保费中根据比例调整可得农房地震保险保费规模，结果也在表8-11中给出。另外，根据《云南统计年鉴》数据，云南省居民总户数为1362.9万户，农村居民户数约为950万户，由此可以计算出户均损失，即每户需要缴纳的具体保费。

表8-10　仿真数据的描述性统计　（单位：万元）

统计特征	数值
均值	5.5×10^4
方差	2.1×10^9
最小值	2.03×10^4
最大值	6.2×10^5

表8-11　保费规模测算结果

置信度/%	85	90	95	99
保费规模/VaR（万元）	190625.1	217604.7	269541.1	424638.2
调整后房屋损失（万元）	76250.0	87041.9	107816.4	169855.3
户均损失（元）	55.9	63.9	79.1	124.6
农房总损失（万元）	53149.6	60671.9	75152.7	118396.4

通过上述方法得出的总费用为云南省年度保费规模，平摊到每户投保人身上则为最终的户均保费。然而，由于地震风险具有明显的区域性，即各地地震风险水平不一样，直接根据云南省全部住户户数平均分摊则有失公允。因此，地震高发区应该缴纳更多保费，而低风险区域则需缴纳相对较少的保费。根据云南省地震烈度分布图及中国地震反应谱特征周期区划图，可以将云南省各州市划分为三个不同风险区域（见表 8 - 12）。

表 8 - 12　　云南省地震风险区域划分　　（单位：万户）

区域	包含地区	农村总户数
1	大理州、丽江市、玉溪市、昆明市、普洱市、临沧市、德宏州、昭通市、保山市	561.6
2	楚雄州、红河州、迪庆州、怒江州、曲靖市、西双版纳州	317.9
3	文山州	69.7

资料来源：《云南统计年鉴》、地震局、统计局网站。

为便于运算，假设云南省农房地震保险为全面覆盖，即各地区的农村居民均需购买农房地震保险。根据中国地震反应谱特征周期区划图、各地区所占国土面积比例及地震发生频数综合情况，赋予不同风险区域一定的权重，分别是 0.695、0.300 和 0.005。那么，依据上述假设条件，最终可以得到不同风险区域的农村户均保费（见表 8 - 13）。

表 8 - 13　　不同风险区域户均保费　　（单位：元/户）

风险区域	置信度/%			
	85	90	95	99
1 区	65.8	75.1	93.0	146.5
2 区	50.2	57.3	70.9	111.7
3 区	3.8	4.4	5.4	8.5

从表 8 - 13 可以看出，1 区的户均保费在 65.8—146.5 元，2 区户均保费在 50.2—111.7 元，3 区户均保费在 3.8—8.5 元。从以上数据可以发现，风险越高，保费越大。上述户均保费是假设完全由农户承担的情况下

计算所得的，如果实施政策性农房地震保险，那么政府会给予一定的补贴，进一步减轻农村居民负担。如果按照财政补贴90%，农户自担10%的比例计算，户均保费在0.4—14.7元，都在农村居民可以接受的范围之内，这也说明农房地震保险具有现实可行性。

第四节　本章小结

地震巨灾保险是地震巨灾风险管理方案中最主要的方式，本章第一节梳理了国内外地震巨灾保险模式，包括政府主导模式（如新西兰）、市场主导模式（如美国）、政府和市场结合模式（如日本）这三种主要模式，并进行国内外模式对比。由于地震灾害具有低频高损的特点，导致巨灾保险定价存在困难，本章第二节介绍了地震巨灾保险保费厘定的三种方法：传统精算费率厘定原理、期望效用原理和VaR方法。第三节在对我国地震灾害损失统计分析的基础上，基于VaR法进行地震保险保费规模测算，探讨了地震巨灾保险定价问题，为我国地震灾害保险定价提供基本的理论框架。

第九章　其他金融工具：巨灾风险衍生品

第一节　巨灾风险衍生品概述

一、巨灾风险衍生品含义及特征

（一）巨灾风险衍生品含义

巨灾风险衍生品（Catastrophe Risk Derivatives）是一类与自然灾害（如地震、飓风、洪水等）相关的金融工具，旨在帮助保险公司、再保险公司、政府和其他相关机构有效地管理和转移灾难风险。这些衍生品通过将巨灾风险转移到资本市场上，为风险承担者提供融资和保障。投资者购买这些衍生品时，通过承担一定的灾难风险，获得较高的回报。

（二）巨灾风险衍生品特征

巨灾风险衍生品的核心功能是将巨灾风险从传统的保险市场转移到资本市场，使灾难风险的定价更加市场化，并为灾后恢复提供更快速的资金支持，具有其独有特征（见表9－1）。

表9－1　　巨灾风险衍生品特征

基于灾难事件	巨灾风险衍生品的价值与自然灾害事件的发生和其影响程度密切相关
结构化与复杂性	巨灾风险衍生品的结构通常比较复杂，涉及对灾难风险的详细评估和建模。这些衍生品需要依赖于气象数据、地震数据、灾难损失模型等因素进行定价，因此其设计与传统金融产品（如股票、债券）相比，具有更高的复杂性

续表

高收益与高风险	巨灾风险衍生品通常与低频但高损失的灾难事件相关，通常提供高于普通金融工具的收益
基于触发事件的支付	巨灾风险衍生品通常包括触发机制，即只有在符合特定条件时，相关的支付或赔偿才会被启动。一般来说，触发机制具有较高的透明度
多样性与创新性	巨灾风险衍生品的种类多样且不断创新，每种工具具有不同的结构和功能，适用于不同的风险管理需求
市场参与者广泛	巨灾风险衍生品不仅局限于某一地区或国家，其应用范围已扩展到全球范围，可以弥补保险业的资金不足；投资者群体多元化

资料来源：作者自行整理，可参考杨琳苹和胡伟辉（2016）、姚壬元（2004）、谢世清（2009a）等。

二、巨灾风险衍生品种类

随着全球自然灾害频率和严重程度的不断增加，建立健全的巨灾风险保障与分散机制已刻不容缓。在这一背景下，将巨灾保险风险转移到资本市场的巨灾风险管理工具应运而生，并且已经成为国际保险业持续发展的一个关键推动力。目前，学术界对巨灾风险管理创新工具的研究主要集中在四类巨灾风险衍生品上：巨灾债券、巨灾期权、巨灾期货和巨灾互换。表 9－2 对这四类巨灾风险衍生品进行了简要概述，接下来将依次进行详细介绍。

表 9－2　　四类巨灾风险衍生品

名称	避险类别	运作机制	优点	缺点
巨灾债券	负债避险	基于风险分摊原则：巨灾不发生，本金和利息均可收回；巨灾发生，将损失部分本金和利息	降低峰值风险；扩大承保能力；信用风险低	成本高；交易复杂；增加负债
巨灾期货	资产避险	利用投资者对巨灾风险的不一致性预测	信息对称度高；流动性强	基差风险大；需要交易平台；指数难确定

续表

名称	避险类别	运作机制	优点	缺点
巨灾期权	资产避险	赋予投资者在到期日以执行价格买卖某种资产的权利	透明度高； 流动性强； 道德风险小	基差风险大； 需要交易平台； 指数难确定
巨灾互换	资产避险	基于风险组合多样化原理分散风险	高灵活性； 操作简单； 交易成本低	风险对等难； 有信用风险

资料来源：谢世清（2009a）。

（一）巨灾债券

巨灾债券（Cat Bonds）是一种场外交易的债券衍生品，利用债券市场分散风险的证券化形式，承保巨灾损失的保险公司和再保险公司将自身的巨灾损失风险转移给市场投资者，投资者的收益完全取决于约定的巨灾损失是否发生（陶正如和陶夏新，2007）。通过发行巨灾债券，保险公司或政府可以提前筹集资金，用于灾后恢复，是迄今为止使用最广泛的一种巨灾保险衍生品（Loubergé et al.，1999；Cummins 和 Phillips，2000；Helfenstein 和 Holzheu，2006）。表 9－3 描述了巨灾债券的基本结构和应用案例，关于巨灾债券的详细介绍见本章第二节。

表 9－3　　　　巨灾债券的结构和应用案例

结构	交易双方	债券发行方	巨灾债券通常由保险公司、再保险公司、政府或其他灾难风险敞口较大的机构发行。发行方通常将巨灾债券作为一种融资工具，用以筹集资金，以应对可能发生的灾难风险
		投资者	投资者购买巨灾债券并承担相关的灾难风险。作为回报，投资者会获得较高的利息支付，但如果触发条件（即灾难事件发生）生效，他们可能会失去部分或全部本金

续表

结构	触发条件	损失触发（Loss Trigger）	当灾难导致的经济损失超过特定的金额时触发。例如，如果飓风造成的损失超过 10 亿美元，债务支付就会被激活
		纯参数触发（Parametric Trigger）	以能够被客观评价的特殊巨灾事件的某些参数（如地震震级、强度、烈度、飓风风速等）作为触发条件
		指数触发（Index Trigger）	以独立机构，如 PCS 报告的行业损失指数（PCS 指数）作为触发条件
	债券到期或偿还		如果灾难未发生，债券到期时，投资者将按期收到本金和利息的全额偿还。如果灾难发生，部分或全部本金将被用于灾后赔偿，投资者将面临部分或完全的本金损失
应用案例	实际应用		加勒比灾难风险保险基金（Caribbean Catastrophe Risk Insurance Facility，CCRIF）是一个典型的巨灾债券应用案例，是世界上第一个选取参数指数为触发条件的共保体。CCRIF 成立于 2007 年，目的是为加勒比地区和中美洲国家提供基于巨灾债券的保险解决方案
	效果		CCRIF 为大多数国家提供了快速、灵活的资金支持，大大提高了灾后恢复的速度。例如，在 2017 年加勒比地区遭遇强飓风时，CCRIF 就迅速为受灾国家提供了资金支持，帮助这些国家缓解了灾后资金压力

资料来源：作者自行整理，应用案例可参考谢世清（2010a），World Bank（2008）。

（二）巨灾期货

巨灾期货（Cat Futures）是一种以巨灾风险指数或巨灾损失率为标的的金融衍生品。其核心在于，期货价格的变动需与巨灾风险的实际变化保持一定的相关性。（D'Arcy et al.，1996）。巨灾期货运行的核心思想是，在灾难发生之前，市场参与者通过购买或出售期货合约，锁定与灾难相关的风险敞口。如果灾难发生，交易双方根据灾难的影响进行现金结算。它为保险公司、再保险公司、政府和其他相关机构提供了一种将灾难风险转移到资本市场的方式，表 9－4 详细介绍了巨灾期货的结构和应用案例。

表 9－4　　　　巨灾期货的结构和应用案例

结构	合约交易	交易所	巨灾期货通常由专门的交易所进行交易，如芝加哥商品交易所（CME）或其他金融衍生品交易平台
		标准化合约	它的合约具有标准化条款，通常包括灾难类型、触发条件、合约规模和结算方式。投资者根据自己的风险管理需求，选择购买或出售巨灾期货合约。合约的交易价格通常基于市场对特定灾难事件发生的概率、潜在损失等因素进行定价
	交易双方	买方	希望通过购买巨灾期货合约来对冲未来灾难事件可能带来的财务风险。如果灾难发生并触发合约的结算条件，买方将获得赔偿
		卖方	出售期货合约的投资者或金融机构，承担灾难风险。在灾难发生时，卖方需要根据合约结算支付现金赔偿
	触发条件		巨灾期货的关键特点是与具体的灾难事件挂钩，触发条件通常涉及自然灾害（如地震、飓风、洪水等）的发生。这些触发条件的标准通常包括：巨灾类型、巨灾强度、影响范围等
	现金结算		巨灾期货合约通常采用现金结算方式，而非交割实物资产。具体来说，灾难发生时，买卖双方根据灾难的实际损失或发生情况进行现金结算。结算金额通常与灾难影响的严重程度或市场评估的损失规模挂钩
应用案例	实际应用		芝加哥商品交易所（CME）的飓风期货：芝加哥商品交易所曾推出基于飓风风险的期货合约，投资者可以通过这些期货合约来对冲飓风造成的潜在损失，CME 于 2007 年 3 月成功推出了 CME－Carvill 飓风指数期货
	效果		在飓风“卡特里娜”（2005）前，保险公司和其他风险管理机构可以利用这些期货合约来对冲未来的潜在损失。这种期货合约帮助投资者根据气象预测进行灾难风险的定价和管理；同时，为资本市场中的风险偏好者和投资者提供了更多元化的投资选择，从而提升了市场的运作效率

资料来源：作者自行整理，应用案例可参考谢世清（2009b；2010b）。

（三）巨灾期权

巨灾期权（Cat Options）赋予合同持有者在一个特定的日期或特定日期之前，以执行价买入或卖出某一资产的权利。保险公司在期权市场支付期权费购买期权合约，从而获得在未来一段时间内选择交易价格的权利。具体而言，保险公司可以根据市场价格或期权合约约定的执行价格来确定交易方式。巨灾期权为购买者提供了一种针对特定损失范围的综合再保险解决方案。当传统再保险难以获得或定价过高时，巨灾期权可以作为一种替代工具，填补自留保险与传统再保险之间的缺口（Jaffee 和 Russell，1997；Borden 和 Sarkar，1996；Augustine，1998；陶正如和陶夏新，2007）。

1992 年，标准的巨灾看涨期权在芝加哥商品交易所首次推出。其合同期限通常按年度或季度计算，这使保险公司能够将期权合同的期限与自身承保的保单相匹配。巨灾期权本质上是保险公司在期权市场上支付期权费以获取的一种未来交易选择权。具体而言，保险公司可以在市场价格和期权合同约定的执行价格之间进行选择，以决定是否进行交易（杨永宁和钟毅恒，2003）。表 9－5 介绍了巨灾期货的结构和应用案例。

表 9－5　　巨灾期权的结构和应用案例

分类		与传统的期权类似，巨灾期权包括“看涨期权”（Call Options）和“看跌期权”（Put Options）的基本结构，但它的标的资产是灾难事件的发生与否，或者某一灾难事件的发生强度和范围
结构	期权买方	通常是保险公司、再保险公司、政府机构等，他们为应对未来可能发生的灾难事件，购买巨灾期权作为对冲工具
	期权卖方	通常是投资者、金融机构或其他市场参与者，他们提供风险承诺，并从中收取期权费用
	触发条件	巨灾期权的核心要素是触发条件，通常基于某一灾难事件的发生或其强度。例如，地震巨灾期权通常基于地震发生的震级、震中位置、震源深度等条件触发，如当地震的震级超过某一标准（如里氏 7.0 级），期权的买方会获得一定的赔偿
	支付机制	根据巨灾买权合同条款，若巨灾损失指数达到或超过设定的触发条件，期权购买者可获得期权现价与执行价之间的差额收益；若巨灾损失指数在到期前未达到触发条件，则期权失效，购买者可选择不行使期权，仅损失前期支付的期权费

续表

应用案例	实际应用	ISO 指数巨灾期权：芝加哥期货交易所（CBOT）于 1993 年推出了巨灾保险期货买权价差。PCS 指数巨灾期权：CBOT 于 1995 年 9 月推出了基于 PCS 指数的巨灾期货期权。GCCI 巨灾指数期权：百慕大商品交易所（BCOE）于 1997 年 11 月推出。CHI 巨灾期权：芝加哥商品交易所（CME）于 2007 年 3 月推出
	效果	以上四种巨灾期权各有优缺点，自从 1993 年 CBOT 推出 ISO 巨灾期货买权价差以来，巨灾期权历经了多次尝试与失利。其中 PCS 和 GCCI 巨灾期权已退出市场，目前只剩下 CHI 巨灾期权还在交易

资料来源：作者自行整理，应用案例可参考谢世清（2010c）。

（四）巨灾互换

巨灾互换（Cat Swap）是一种金融衍生工具，允许交易双方在未来某一时期内，交换被认为具有相同经济价值的资产或现金流。具体而言，它涉及将一系列固定的、事先确定的付款与一系列浮动付款进行交换，而浮动付款的价值与巨灾事件的发生相关联。这种交易可以以互换或期权的形式出现，但其现金流实质相同。由于不同地区面临的风险种类、发生频率和费率存在差异，保险公司可以通过巨灾互换，与其他保险公司或金融机构交换所承保的巨灾保险风险。这种安排旨在帮助保险公司、再保险公司及其他风险承担者，将潜在的巨额损失转移给其他市场参与者，例如投资者或金融机构，从而实现风险的分散化。

与巨灾债券和巨灾期权类似，巨灾互换也是一种将灾难风险转移给资本市场的工具，但它的运作方式与其他衍生品有所不同，主要表现为交换现金流，而非通过债务工具或期权进行直接支付（Borden 和 Sarkar，1996；Helfenstein 和 Holzheu，2006；陶正如和陶夏新，2007）。巨灾互换的结构和应用案例如表 9－6 所示。

表 9－6　　巨灾互换的结构和应用案例

<table>
<tr><td rowspan="5">结构</td><td rowspan="2">交易双方</td><td>保护方
(Protection Buyer)</td><td>通常是承保灾难风险的保险公司、再保险公司、政府或其他风险承受者，他们希望将灾难风险转移出去，避免灾难发生时承受过大财务压力</td></tr>
<tr><td>卖方
(Protection Seller)</td><td>通常是资本市场中的投资者、对冲基金、金融机构等，他们通过提供灾难风险保护来获得固定的现金流（保险费或费用）</td></tr>
<tr><td rowspan="2">现金流交换</td><td>买方支付固定现金流</td><td>保护方支付一笔固定的现金流（类似保险费），通常在每期交换中支付，类似于传统保险合同中的保费支付</td></tr>
<tr><td>卖方支付巨灾事件相关现金流</td><td>卖方同意在灾难发生时支付一定的现金流给保护方。这个现金流通常与灾难损失的严重程度或范围挂钩</td></tr>
<tr><td colspan="2">触发条件</td><td>触发巨灾事件的条件可能包括自然灾害发生的类型、事件的强度、发生的地点，或者灾后实际的损失金额等；通常通过第三方数据（如灾难监测公司、保险公司、风险评估公司等）进行确认</td></tr>
<tr><td rowspan="2">应用案例</td><td colspan="2">实际应用</td><td>1996 年汉诺威再保险成功推出首例巨灾互换交易；2007 年 6 月，慕尼黑再保险和奔福公司合作，为加勒比海巨灾风险基金与世界银行达成了一笔 3 千万美元的巨灾互换协定</td></tr>
<tr><td colspan="2">效果</td><td>自 2005 年“卡特琳娜飓风”袭击美国以来，巨灾互换市场活跃，交易量每年迅速上升，这种互换协议为其他政府和地方政府提供了一种风险管理的工具</td></tr>
</table>

部分资料来源：瑞士再保险，其余为作者自行整理。

第二节　巨灾债券

一、巨灾债券定义及运行机制

（一）巨灾债券定义

巨灾债券（CAT Bonds）是一种保险连接证券（Insurance Linked Securities），其付息或者还本与巨灾事件的发生紧密相关，即只有当巨灾发生且造成损失满足触发条件时，债券投资者才会损失利息或本金。巨灾债券是一种将保险风险转移至资本市场的创新金融工具，兼具了金融与保险产品的双重属性。自1994年汉诺威再保险首次成功发行巨灾债券以来，其发展势头迅猛，已成为巨灾保险市场中最具活力且广受认可的巨灾保险连接证券，并有效补充了传统再保险的不足（谢世清，2011）。

（二）巨灾债券运行机制

巨灾债券是巨灾风险转移中较为常见的方式，其本质是在资本市场中寻找替代巨灾风险再保险的选择，其运行机制主要通过发行债券，将巨灾风险与资本市场进行连接，当灾难发生时，债券持有人可能会失去部分或全部本金，资金用于灾后支付和赔偿，下面详细介绍巨灾债券的具体运行机制。

1. 参与主体

典型的巨灾债券参与主体包括三方：发行人、投资者和特设机构。巨灾债券的发行人通常为保险公司、再保险公司或大型企业；投资者通常为基金、寿险公司或个人投资者。特设机构（Special Purpose Vehicle，SPV）是巨灾债券发行方与资本市场投资者之间的中介。其主要职能包括：在离岸资产证券化过程中，向境外投资者募集资金；接收发起人的资产组合；购买并打包证券化产品；并以此为基础发行资产化债券。

2. 发行期限

巨灾通常具有低频高损的特点，因此具有较长的期限，通常为3—5

年。根据巨灾债券数据库 ARTEMIS 的统计，3—4 年期的巨灾债券在发行额中占比最高。截至 2023 年末，该期限的债券占全部巨灾债券发行额的 51%，而 4—5 年期的债券占比约为 27%。

3. 发行利率

巨灾债券的发行利率由三部分构成：巨灾风险预期损失率、无风险利率以及风险溢价。在美国市场，预期损失率通常基于灾害历史数据和巨灾风险模型预测得出；无风险利率则由美国国债市场决定；风险溢价则是投资者与发行人根据资本市场流动性、巨灾保险周期等因素协商确定的。

4. 发行程序

保险公司等企业为了转移和分散巨灾保险风险，与 SPV 签订巨灾债券发行协议后，巨灾债券的发行过程可以分为六个阶段，具体情况如表 9－7 所示。

表 9－7　　巨灾债券的发行程序

工作阶段	阶段任务	具体工作
第一阶段	风险评估	首先需运用合适的风险评估模型对相关风险进行量化分析，通常会委托专业的风险评估机构来完成
第二阶段	确定发行结构	结合当前市场环境以及母公司转移巨灾风险的需求，设计出合理的债券结构，如选择本金保障型或本金没收型，明确巨灾触发事件及损失金额的确定方式等。这一环节对债券能否顺利发行至关重要
第三阶段	审查评估	会计师事务所和律师事务所会对母公司及特殊目的机构（SPV）的财务状况、经营情况，以及拟发行巨灾债券的相关条款进行审查
第四阶段	文件编制	编写巨灾债券发行的相关文件，主要包括发行人与投资者的权利义务、巨灾发生时的损失计算方式、应缴税负等内容
第五阶段	信用评估	国际信用评级公司会对拟发行的巨灾债券进行信用评级，为投资者提供参考依据
第六阶段	上市发行	委托证券公司或投资银行等专业机构负责巨灾债券的承销工作

资料来源：李延明和吴燕（2005）。

5. 触发机制

巨灾债券的触发机制主要分为以下三类：损失触发、纯参数触发和指数触发，详细介绍如表9－3所示。如果巨灾触发条件未达成，债券投资者将收回本金并获得利息收益；相反，如果触发条件达成，投资者可能会失去利息收入，甚至本金也会受损，以此来补偿发起人在巨灾赔付中的支出（见图9－1）。

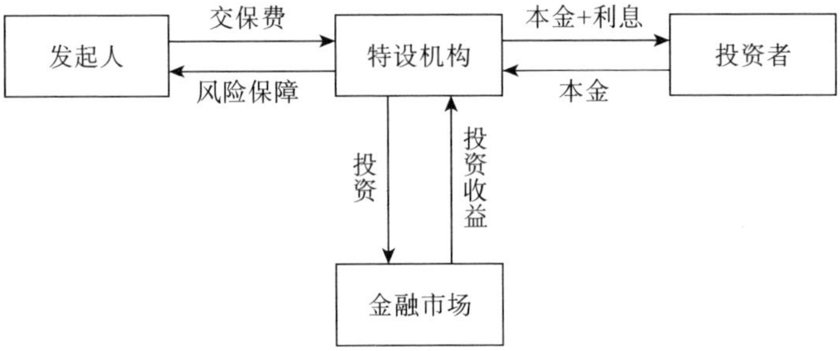

图9－1　触发机制的原理

二、巨灾债券发展历程

巨灾债券是一种将自然灾害风险转移至资本市场的创新金融工具。它的出现和发展反映了金融市场在应对日益严重的自然灾害风险方面的创新与进步。表9－8梳理了巨灾债券的主要发展历程。

表9－8　巨灾债券的发展历程

巨灾债券的诞生	20世纪90年代，北岭地震和安德鲁飓风对全球再保险市场造成了沉重打击，巨灾债券正是在此背景下应运而生；1997年6月，USAA（United Services Automobile Association）成功发行首只巨灾债券
巨灾债券市场飞速发展	自1997年首只巨灾债券发行以来，其发行规模一直呈现快速增长的态势；1997—2004年，巨灾债券发展较为缓慢
巨灾债券市场再创新高	2005年，美国飓风重创再保险市场；2005—2007年，巨灾债券发行金额和数量再创新高；2007年，巨灾债券发行规模已逼近60亿美元，较20世纪90年代中期巨灾债券的发行量增长约3倍

续表

巨灾债券市场逐步成熟	2013 年，巨灾债券发行规模达到 70.83 亿美元，年末存量规模达到 185.76 亿美元；2015 年 7 月 1 日，我国第一只以地震风险作为标的的巨灾债券在境外市场成功发行；2018 年 6 月底，流通在外的巨灾债券规模已达到 300 亿美元；2019 年，全球巨灾债券总发行量为 110 亿美元，年底存量为 407 亿美元

部分资料来源：瑞士再保险、中国银行保险报网。

三、地震巨灾债券

地震巨灾债券（Earthquake Catastrophe Bonds）是专门为应对地震风险而设计的一种巨灾债券。它是一种创新的风险转移工具，利用资本市场的资金来保障灾后应急资金的提供，当地震发生并达到一定的触发条件时，投资者可能失去部分或全部本金，资金用于赔付灾后损失。巨灾债券是国内外分散地震巨灾风险时使用最广泛的一种巨灾保险衍生品（见表 9－9）。

表 9－9　　国内外地震巨灾债券案例

发行机构	发行时间	触发条件	相关内容
日本财产保险公司（Tokyo Marine & Fire）	1997 年	震级、震中距离	Tokyo Marine & Fire 通过 Parametric Re 发行的总值 9000 万美元的巨灾债券，规定触发条件为 10 年内东京地区发生 7.1 级以上地震，由各专业机构对地震震级进行评估
墨西哥政府 世界银行	2006 年	地震烈度、震级和地震中心的地理位置	墨西哥政府在 2006 年发行了一系列巨灾债券，用于覆盖该国的地震风险，这些债券由世界银行支持，并通过其“灾害债券工具箱”进行管理。2017 年墨西哥发生强烈地震后，FONDEN 巨灾债券被触发，提供了约 1.5 亿美元赔付资金，帮助墨西哥政府迅速应对灾后重建工作

续表

发行机构	发行时间	触发条件	相关内容
Fidelis、Hannover Re、Arch Capital	2013 年后	特定参数	Fidelis、Hannover Re 和 Arch Capital 三家国际知名巨灾债券发起人发行了包含土耳其地震风险的巨灾债券，其发行规模分别为 1.5 亿美元、1 亿美元和 1.5 亿美元
中再产险	2015 年	特定参数	中再产险在境外成功发行了首只以地震风险为保障对象的巨灾债券，该巨灾债券发行规模为 5000 万美元，发行期限为 3 年期，特殊目的机构 Panda Re 设立在百慕大，首次实现了在国际资本市场上分散我国保险业风险
中国人保财产有限公司	2022 年	实际赔款	人保财险作为发起方，通过 SPV Great Wall Re Limited（长城再保险）在香港发行了以中国地震风险为标的的巨灾债券。此次发行募集的资金将作为巨灾风险索赔的备用准备金，债券期限为 3 年，规模为 3250 万美元。长城再保险将利用人保财险支付的再保险保费以及募集资金的收益，向投资者支付债券利息
世界银行（国际复兴开发银行）	2023 年	震中位置、震级、地震强度等	世界银行在香港以巨灾债券形式发行总额为 3.5 亿美元（相当于约 27.5 亿港元）的保险相连证券，为智利未来三年与地震风险有关的损失提供保障
太平再保险	2025 年	特定参数 行业损失指数	太平再保险作为发起人，通过 SPV Silk Road Re（丝路再保险）发行以中国地震和美国飓风为标的的风险的巨灾债券，募集资金 3500 万美元，期限三年，分别以参数、行业损失指数为赔偿触发机制，为标的风险提供全额抵押保险保障，该巨灾债券采用了双风险、双触发机制设计

资料来源：根据公开信息整理。

第三节　实证分析：云南省地震巨灾债券价格测算

根据前面章节的分析与讨论可知，我国是地震灾害最为严重的国家之一。一旦发生地震（中强震及以上等级地震），通常会造成巨额损失，受灾群众通常难以自己承担该损失，且当发生大地震时，保险公司也不足以承担该巨额损失。通过发行巨灾债券，保险公司能够将巨灾风险转移至资本市场，借助资本市场的强大资金容量来缓解高额灾害损失的压力。一方面，巨灾债券不仅增强了保险行业的抗风险能力，还保障了保险公司的稳健经营；另一方面，债券发行人（保险公司）可将巨灾债券的收入投资于国债等安全资产，利用投资收益来支付投资者的息票收益。这一过程不仅提升了巨灾保障能力，还减轻了政府在财政支出方面的压力，实现了双赢。因此，本章第三节主要以云南省地震巨灾为例，对其地震巨灾债券进行定价。

一、模型定义

（一）基本假设

假设 w 表示保险公司的初始资本，Y 为巨灾损失随机变量，X 为与对冲基金相关的 T 时刻的支出，r 为市场利率，LI 为 LIBOR 利率，E 为超出 LIBOR 利率，B 为 0 时刻债券价值，C 为 0 时刻巨灾债券价值，π 为风险保费函数，u 为保险公司的效用函数。假设 $\Omega=(\omega_1,\cdots,\omega_n)$ 表示不同强度的巨灾造成不同经济损失的情况，且假设 ω_i 发生的概率为 $p_i>0$，$\sum_{i=1}^{n}p_i=1$。根据上面的假设及定义可知：

$$Y=\begin{cases}y_1, & \text{概率为 } p_1\\ \vdots & \quad\vdots\\ y_n, & \text{概率为 } p_n\end{cases}$$

其中，$\{y_i\}_{i=1}^{n}$ 为不同强度灾害情况下，保险人支付给被保险人的赔偿，

$\{y_i\}_{i=1}^{n}$也可以看成是巨灾风险债券的不同支付金额。通常，巨灾事件的强度越高，其发生的概率就越小，但支付的赔偿金额也会越高。巨灾债券的具体触发机制以及赔付范围在 0 时刻就预先确定了。灾害的强度通常基于指数进行测定，如地震通常以里氏震级作为强度的测量标准。超出 LIBOR 利率 E 通常表示风险费率，主要是为了让巨灾风险债券具有投资吸引力。

假设 S 为巨灾债券回收率，同时，令 $1 = S_1 > S_2 > \cdots > S_n = 0$ 表示与不同灾害等级相关的巨灾债券回收率，其与灾害损失等级成反比，即当发生最大等级的灾害时，回收率为 0；当发生最小等级灾害时，回收率为 100%。根据上面的定义可得：

$$S = \begin{cases} S_1, & \text{概率为 } p_1 \\ \vdots & \vdots \\ S_n, & \text{概率为 } p_n \end{cases}$$

则 T 时刻对冲基金收益为：

$$X = (LI + E + S)C \tag{9-1}$$

然而，这里需要强调的是，当发生大级别巨灾事件时，利率甚至是本金都没有了。

（二）效用理论

Karagiannis et al.（2016）提出的定价方法主要是基于效用理论从保险公司的角度进行定价。Karagiannis et al.（2016）认为，保险公司在对巨灾风险证券进行定价时主要基于效用无差别定价法（utility indifference pricing method）（Monoyios，2008；Carmona，2009），具体做法如下：假设有决策 1 和决策 2，现有一笔资金 h 支付给保险公司，使保险公司选择决策 1 或者决策 2 是无差别的，即在这种情况下两个决策的最优效用相等。在本章中，地震巨灾债券的价格应该使保险公司是否发行巨灾债券的最优效用相等。然而，在基于上述效用无差别定价方法对巨灾债券定价时还需要注意一个问题，即对冲基金是否愿意购买该巨灾债券。从对冲基金方面来看，其购买巨灾债券的条件是使其期望收益率不小于购买零息债券的收益率，即满足期望净利非负条件，其净利定义如下：

$$N = LI + E + S - (1 + r) \tag{9-2}$$

净利非负即满足：

$$E(N) \geqslant 0 \tag{9-3}$$

其中，$E(N) = 0$ 表示无套利条件；而即使 $E(N) > 0$，其也是一个较小的数，否则即为套利交易。下面将分别讨论保险公司在发行巨灾债券和不发行巨灾债券时的效用。

1. 不发行巨灾债券时保险公司的效用分析

在分析保险公司效用时，主要基于保单生效时刻($t = 0$)和保单终值时刻($t = T$)进行分析。首先，假设 0 时刻保险公司的初始资本为 w_0，保险公司承保风险 Y 的承保保费为 $\pi(Y)$，则 0 时刻保险公司总资本为 $W = w_0 + \pi(Y)$。保险公司承保风险以后，将所有资金用于购买 B，且在 T 时刻收益率为 r 的零息债券。则在 T 时刻，保险公司的最终财富为 $W_T = (1 + r)B - Y$，其中 Y 为保险公司的保险赔付支出。在上述假设下，保险公司的最终期望效用为：

$$U_0(W) = E(u[(1 + r)W - Y]) = \sum_{i=1}^{n} p_i u((1 + r)W - y_i) \tag{9-4}$$

令 $L(W) = (1 + r)W - Y$，则上式可改写为 $U_0(W) = E(u[L(W)])$。

2. 发行巨灾债券时保险公司的效用分析

现假设保险公司在承保风险 Y 之后，发行在 0 时刻价值为 C 的巨灾风险债券［净收益率为由式（9－2）定义的 N］，将巨灾风险转移到资本市场，则保险公司的总财富为 $w_0 + \pi(Y) + C = W + C$。保险公司在承保并发行巨灾债券后，又购买了到 T 时刻收益为 r 的贴息债券，即这些零息债券在 T 时刻的赎回面值为$(1 + r)B$，则根据上述的定义，T 时刻保险公司的最终资产为 $W_T = (1 + r)B - Y - X$。保险公司在确定巨灾债券价值 C 时，主要基于最大化其期望效用，即最大化如下效用：

$$U_1(W) = \max_{(B,C) \in A_w} E(u(W_T)) \tag{9-5}$$

其中，$A_w = \{(B,C): B = C + W\}$。令 $W_T = (1 + r)B - (Y + X)$ 为保险公司的最终资产，在 $B = C + W = C + (w_0 + \pi(Y))$时，其效用函数为：

$$\begin{aligned} U_1(W) &= \max_C E(u[(1+r)(C+W)-(Y+X)]) \\ &= \max_C E(u[L(W)-NC]) \\ &= \max_C \sum_{i=1}^{n} p_i u[L_i(W)-N_iC] \end{aligned} \tag{9-6}$$

为了求出上述定义的最大效用函数，令 $g(C)=E(u[L(W)-NC])$，则上式的解 $C(W)$ 为：

$$C(W)=\arg\max \frac{dg}{dC}=0,\ 或\frac{dg}{dC}(C(W))=0 \tag{9-7}$$

即：

$$E(Nu'[L(W)-NC])=0 \tag{9-8}$$

根据上述定义，在初始资本为 w_0 时，无差异买价 h_{bid} 和无差异卖价 h_{ask} 分别为下面两式的解：

$U_1(W)=U_0(W+h_{ask})$ 以及 $U_1(W-h_{bid})=U_0(W)$

上述两式还可改写为：

$$E[u(L(W)-NC(W))]=E(L(W+h_{ask})) \tag{9-9}$$

以及

$$E[u(L(W-h_{bid})-NC(W-h_{bid}))]=E(L(W)) \tag{9-10}$$

根据这两个式子即求解出巨灾债券的卖价 h_{ask} 和买价 h_{bid}。其中，卖价 h_{ask} 为保险公司发行巨灾债券的价格，该价格使保险公司是否发行巨灾债券无差异。相反，买价 h_{bid} 为风险投资者愿意用于购买巨灾债券的价格，该价格使风险投资者是否购买巨灾债券无差异。为了说明卖价 h_{ask} 和买价 h_{bid} 的求解方法，首先必须明确两个问题：第一，必须在市场上交易的商品是什么；第二，必须明确双方当事人的角色，即谁是买方和卖方。根据发行巨灾债券的目的可知，保险公司想转移的是风险，即保险公司需要“抗风险”（anti - risk）产品，该产品可以看成是交易的商品；另外，保险公司愿意购买该产品，则保险公司可以看成是买方。买价 h_{bid} 为买方为了获得某一商品而愿意支付的价格，因此，这里可以把 h_{bid} 看成是保险公司为了获得巨灾风险债券而愿意支付的价格。这也使保险公司从一个高风险状态转移到低风险状态。

现假定保险公司的初始总资产为 $W(=w_0+\pi(Y))$，为了求解 h_{bid}，即保险公司愿意支付的价格使其效用无差别，需要求价格 h 使 $U_0(W)=U_1(W-h_{bid})$。根据相同的方法也可求得卖价 h_{ask}，即 h_{ask} 和 h_{bid} 的求解如下：

$$h_{ask}=U_0^{-1}(U_1(W))-W,\ h_{bid}=W-U_1^{-1}(U_0(W)) \quad (9-11)$$

为了获得巨灾风险债券的需求曲线，还需要确定巨灾债券的发行比例。假设保险公司愿意交易的巨灾风险债券百分比为 k，$k\in[0,1]$，则其最终资产为 $W_T=(1+r)B-k(Y+X)$，则其最优化效用为：

$$U_1(w_0,k)=\max_{(B,C)\in A_w}E[U(W_T)] \quad (9-12)$$

假设客户的最终受益为 $L(w_0)=(1+r)(k\pi(Y)+w_0)-kY$，由于 $B=kC+k\pi(Y)+w_0$，可得：

$$U_1(w_0,k)=\max_C Eu[L(w_0,k)-kNC] \quad (9-13)$$

则分别求解下述 h_{ask} 和买价 h_{bid}：

$$E[u(L(w_0,k)-kNC(w_0))]=E(L(w_0+h_{ask};k)) \quad (9-14)$$

$$E[u(L(w_0-h_{bid},k)-kNC(w_0-h_{bid}))]=E(L(w_0;k)) \quad (9-15)$$

这两个公式具有一个比较好的优点，即其可用于获得巨灾风险债券的需求曲线。

（三）风险偏好分析

下面将考虑不同风险偏好情况下保险公司的行为，重点分析风险中性和风险厌恶型保险公司的具体操作行为。

首先，考虑风险中性的保险公司，其在不发行巨灾债券时效用为 $E(L(W))$，当保险公司发行债券时，其最大效用为：

$$\max_C E[L(W)-NC]=E(L(W))+\max_C(-E(N)C) \quad (9-16)$$

注意，上式解存在的必要条件是 $E(N)\geqslant 0$，该条件即为式（9-3）定义的净利非负条件。在该条件下，当净利为正时，$C(W)=0$，即是否满足无套利条件［$E(N)=0$］都没有债券需要定价，或者说，债券可以定为任意价格。

接下来考虑风险厌恶型的保险公司。对于风险厌恶型保险公司，要计算其最大效用需先确定其效用函数。风险厌恶型的效用函数很多，其中，由于二次效用函数可以作为许多负责效用函数的近似（Gerber 和 Pafum，1998；Pantelous 和 Passalidou，2016），使其成为最常用的效用函数。然而，这里需要注意的是，在实际应用中，由于二次效用函数会使绝对风险厌恶值递增，其应用并不多。这里，鉴于其可以带来很有趣的结果，本章将采用二次效用函数来做进一步分析。二次效用函数的具体定义如下：

$$u(x) = x - bx^2 \tag{9-17}$$

其中，b（取值通常较小）为保险公司风险容忍性测度。效用函数均满足一阶导数非负，则上述效用函数也需要满足以下限制条件：

$u'(x) = 1 - 2bx \geqslant 0$，即 $x \leqslant \frac{1}{2b}$。

下面，根据二次效用函数计算 $C(W)$。首先，将 $u'(x) = 1 - 2bx \geqslant 0$ 代入式（9－8）可得：

$$E[N(1 - 2b(L(W) - NC(W)))] = 0 \tag{9-18}$$

直接求解上式可得：

$$C(W) = \frac{2bE(NL(W)) - E(N)}{2bE(N^2)} \tag{9-19}$$

当 $L(W) = (1 + r)W - Y$ 时，可得：

$$C(W) = \alpha W + \beta \tag{9-20}$$

其中，$\alpha = \frac{(1 + r)E(N)}{E(N^2)}$，$\beta = -\frac{2bE(NY) + E(N)}{2bE(N^2)}$。根据式（9－3）定义的净利非负条件可知，$\alpha$ 为一非负值，因此 $C(W)$ 为 W 的一个线性非降函数。采用上述符号，可得在发行债券情况下，保险公司的最大效用 $U_1(W)$ 为：

$$\begin{aligned} U_1(W) &= \max_C E[u(L(W) - NC)] \\ &= \max_C E[(L(W) - NC) - b(L(W) - NC)^2] \\ &= \max_C \{E[L(W) - bL(W)^2] + CE[2bL(W)N - N] - bC^2E(N^2)\} \end{aligned} \tag{9-21}$$

由于该效用函数的最大值是基于 C，求解$\frac{E[u(L(W)-NC)]}{dC}$可得：

$$U_1(W)=E[L(W)-bL(W)^2]+\frac{(E[2bL(W)N-N])^2}{4bE(N^2)}$$
$$=U_0(W)+\frac{(E[2bL(W)N-N])^2}{4bE(N^2)} \tag{9-22}$$

现假定满足无套利条件 $E(N)=0$，则有：

$$\alpha=\frac{(1+r)E(N)}{E(N^2)}=0,\ \beta=-\frac{E(NY)}{E(N^2)} \tag{9-23}$$

同时可得最大效用函数为：

$$U_1(W)=U_0(W)+\frac{b\,(E[YN])^2}{E(N^2)} \tag{9-24}$$

首先，由式（9-23）可知，当对冲基金无套利情况存在时，保险公司的初始资金以及保费（$W=w_0+\pi(Y)$）对巨灾债券的交易没有任何影响。其次，式（9-24）中第二个式子还可以看出，从保险公司的角度来看，为了完成交易必须满足条件 $E(NY)\leqslant 0$。在该条件下，净利可以抵消损失的负面影响。最后，从式（9-24）还可以看出，不发行债券的效用 U_0 与发行债券的最大效用 U_1 的导数是相等的，即 $U_1'=U_0'$，这也说明了对于保险公司来说是否发行债券是无差异的。根据上述结论，可以讨论巨灾债券卖价与买价的确定。

另外，由效用函数的特征，即其导数非递减，其函数值也是非递减的，有

$$U_1(W)=U_0(W)+\frac{b\,(E[YN])^2}{E(N^2)}\geqslant U_0(W) \tag{9-25}$$

可得：

$$\Rightarrow U_1(W)\geqslant U_0(W)\Rightarrow W\geqslant U_1^{-1}(U(W))\Rightarrow\frac{d(U_1^{-1}(U(W)))}{dW}\leqslant 1$$

$$\Rightarrow U_0'(W)\leqslant U_1'(V^{-1}(U(W)))\Rightarrow\frac{U_0'(W)}{U_1'(V^{-1}(U(W)))}\leqslant 1$$

$$\Rightarrow\frac{d(U_1^{-1}(U(W))-W)}{dW}\leqslant 0$$

$$\Rightarrow\frac{d(-h_{bid})}{dW}\leqslant 0\Rightarrow\frac{d(h_{bid})}{dW}\geqslant 0$$

其中，同样得$\frac{d(h_{ask})}{dW}\geqslant 0$。这说明，在对冲基金无套利时，保险公司效用函数为二次效用函数时，卖价和买价将会随着保险公司初始资本金和保费的增加而增加。

二、数据分析

（一）数据描述

下面将基于前面所提出的方法对地震巨灾债券进行定价，包括买价和卖价。通过统计年鉴等资料，获得了云南省1992—2014年的地震灾害损失数据，并将其作为实证分析的样本数据。另外，为了剔除经济波动的影响，使数据更具有现实意义和参考价值，本章以2014年为基期利用每年GDP指数对损失发生数据逐年调整，得到调整后的数据如附录表9－1所示。表9－10为样本数据的基本统计量，从中可知样本的均值为8.704，标准差为28.6328，约为样本均值的4倍，由此可以发现该组样本存在超离散现象；另外，样本的最小值为0.0731，中位数为1.796，即50%的数据小于等于1.796；3/4分位数为5.049，即75%的数据小于等于5.049。综上，该组样本离散程度较高，但由于大多数样本较小（75%的数据小于等于5.049），可以推测该组样本数据存在极端值，极端值对样本的均值和离散程度均造成较大的影响。样本数据的条形图和直方图由图9－2给出，从该图也可得到相同的结论。因此，可以初步判定该组数据存在厚尾现象。为了更进一步检验数据的厚尾性，可以结合图9－3的指数QQ图。根据图9－3可以发现，样本经验分布的点尾部远远高于指数分布理论分位数，即样本明显存在厚尾现象。

表9－10　云南省地震巨灾损失基本统计量　（单位：亿元）

平均值	标准差	最小值	最大值	中位数	1/4 分位数	3/4 分位数
8.7040	28.6327	0.0731	235.8000	1.7960	0.4625	5.0490

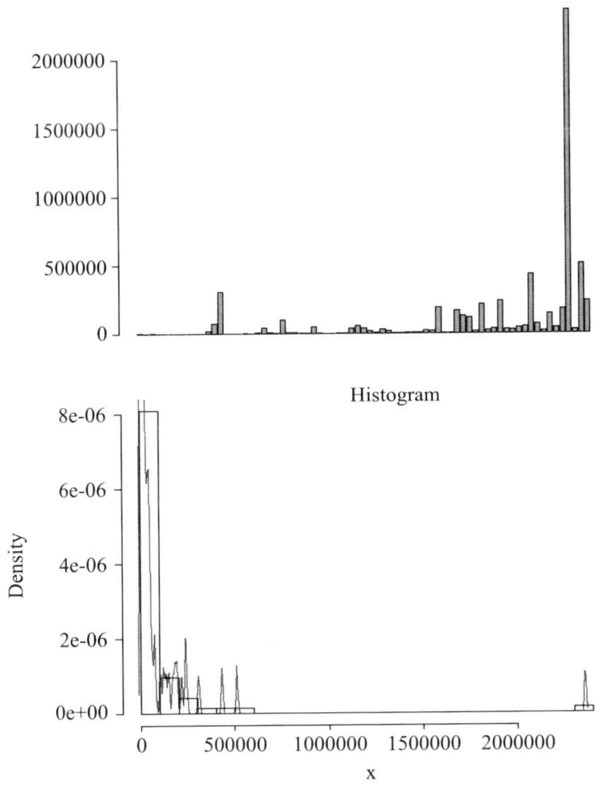

图 9 - 2　1992—2014 年云南省地震损失金额的频率分布直方图

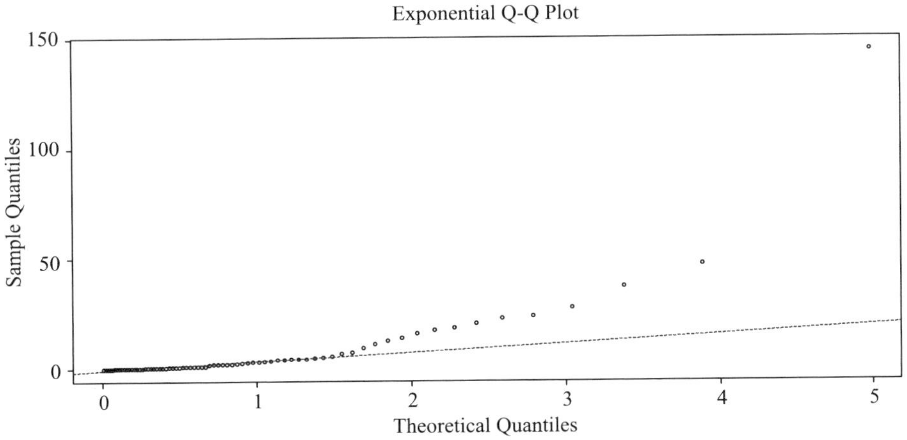

图 9 - 3　指数 QQ 图

（二）样本数据损失分布拟合

根据前面的初步统计分析，样本存在厚尾现象，可考虑第五章提出的混合分布进行拟合，本章将基于对数正态—GPD 混合分布对数据进行拟合，即假设损失随机变量 Y 的分布函数为：

$$F(y|\alpha,\beta,\xi,\sigma,u)=\begin{cases}F_G(y|\alpha,\beta), & y<u\\ F_G(u|\alpha,\beta)+[1-F_G(u|\alpha,\beta)]G(y|\xi,\sigma), & y\geqslant u\end{cases} \tag{9-26}$$

其中，u 为阈值；$F_G(y|\alpha,\beta)$ 为伽马分布的分布函数，$\alpha>0$ 为形状参数，$\beta>0$ 为速率参数；$G(y|\xi,\sigma)$ 广义帕累托分布的（GPD）的分布函数，定义如下：

$$G(y|\xi,\sigma)=\begin{cases}1-\left(1+\dfrac{\xi y}{\sigma}\right)^{1/\xi}, & \xi\neq 0\\ 1-\exp(-y/\sigma), & \xi=0\end{cases} \tag{9-27}$$

其中，ξ 为形状参数，σ 为尺度参数。基于贝叶斯方法可得上述模型中各参数的估计，具体如表 9－11 所示。

表 9－11　　模型参数估计

α	β	u	ξ	σ
1.0080	0.7569	4.4800	12.0312	0.5206

由于上述模型中，广义帕累托分布的性状参数 ξ 大于 1，则广义帕累托分布的期望不存在，即该混合模型的期望不存在。根据上述模型可得随机变量 y 的不同分位点，具体如表 9－12 所示。

表 9－12　　损失随机变量分位数

概率	分位数
90%	3.0604
95%	3.9783
97%	4.4801

（三）地震灾害次数拟合

本节选取 1992—2014 年云南省每年地震损失在 1 亿元以上的发生次数为样本数据，样本的频数分布表见表 9-13。从该表可以看出，最小频数为 0（2 次），最大频数为 8（1 次）；且根据样本数据可得样本平均值为 3.04，样本方差为 3.35，即样本均值和方差近似相等，可以用泊松分布对样本数据进行拟合。假设 N 为云南省造成 1 亿元以上经济损失的地震年发生次数，则可以假设 $N \sim Poisson(\lambda)$，其概率分布函数为：

$$P(N=k)=\frac{\lambda^{k}}{k!}e^{-\lambda},\ k=0,1,2,\cdots \qquad (9-28)$$

根据矩估计方法可得参数 λ 的估计为 3.04，即随机变量 N 来自参数为 3.04 的泊松分布：$Piosson(3.04)$。

表 9-13　　1992—2014 年云南省地震发生次数

发生次数	0	1	2	3	4	5	6	7	8
样本频率	2	2	5	6	4	2	1	0	1

（四）地震灾害总损失情况

地震巨灾保险的保障期限一般是一年，即对一年内地震造成的在保障范围内的损失进行赔偿。因此，地震巨灾债券也应该对一年内地震灾害造成的巨灾风险进行分散，在研究巨灾风险债券时，有必要研究一年内地震造成的总损失。

假设 N 表示债券有效期内单位时间内地震损失发生次数，X_k 表示第 k 次发生损失的损失额度，且 X_k 独立同分布，N 和 X_k 相互独立的，则总损失 S 的定义如下：

$$S = X_1 + X_2 + \cdots X_N = \sum_{k=1}^{N} X_k \qquad (9-29)$$

根据前面的分析，云南省地震灾害年发生次数服从泊松分布 Piosson（3.04），每次灾害发生的损失金额服从混合伽马—广义帕累托分布，则累积损失 S 的分布情况为：

$$Pr(S < s_0) = \sum_{k=0}^{\infty} \left[Pr(\sum_{i=1}^{k} X_i < s_0 \mid N = k) Pr(N = k) \right] \quad (9-30)$$

由于 X 的分布为混合分布，较为复杂，无法直接得到 S 的分布或者相关统计量。在此，本章将采用随机模拟的方法来研究 S 的分布情况，通过10000 次模拟可得其均值为 $E(S)=1.4514$ 亿元，其他分位数见表 9－14。

表 9－14　　　　年损失总量分布情况（分位数）

概率	分位数
75%	1.92
90%	3.48
95%	4.69
97%	5.28

由表 9－14 可知，每年由地震造成的总损失小于 1.92 亿元的概率为 75%；小于 3.48 亿元的概率为 90%；小于 4.69 亿元的概率为 95%；小于 5.28 亿元的概率为 97%。由于巨灾债券主要用于转移小概率的巨额损失，本章仅讨论巨灾债券的两种偿付标准，即是否发生了巨额损失。从表 9－14 可以发现，97% 以内的分位数相差不大，因此本章考虑将 5.28 亿元以上的损失定义为巨额损失，即触发条件为年总损失为 5.28 亿元，则巨灾损失发生的概率为 3%。

三、地震巨灾债券定价

根据表 9－14 可以计算巨灾债券的买价和卖价，由于二次效用函数存在一定的局限性，即当财富水平超过一定程度后，个体收入的边际效用为负值，这导致实际中较少该效用函数。这里假定保险公司的效用函数为如下幂函数效用函数：

$$u(W) = \frac{W^{1-\eta} - 1}{1 - \eta} \quad (9-31)$$

幂函数效用函数具有很多优点，其中一个优点是幂函数效用函数的相对风险厌恶系数为常数。相对风险厌恶系数定义为 $-\frac{Wu''(W)}{u'(W)} = \eta$，即其相对风险厌恶系数为常数 η。参数 η 描述了保险公司的相对风险厌恶程度，较大的 η 表明保险公司为风险厌恶型的，而 $\eta=0$ 则说明保险公司为风险中性。

使用上述幂函数效用函数，并在触发条件为地震造成的年总损失为5.28亿元的情况下，可以得到不同初始值，以及债券发行的不同百分比情况下的巨灾债券买价及买价，具体结果如表9－15所示。

表9－15　　　　云南省地震巨灾债券的买价和卖价

初始资产		3000万	4000万	5000万
买价	$k=0.2$	52.4433	78.8537	106.0568
	$k=0.4$	51.3969	76.6637	103.5312
	$k=0.6$	48.6654	74.3769	100.2315
	$k=0.8$	45.4537	72.0616	98.3314
	$k=1$	43.5567	70.4557	95.5156
卖价	$k=0.2$	51.6671	77.6186	104.7068
	$k=0.4$	50.1322	75.9112	101.8129
	$k=0.6$	46.5112	73.3916	99.6301
	$k=0.8$	44.2411	72.8819	76.5578
	$k=1$	42.4316	71.0125	93.4321

表9－15展示了在幂效用函数以及保险公司不同条件（初始资本以及债券发行比例 k）下，地震巨灾债券的买价（h_{bid}）和卖价（h_{ask}），地震巨灾债券的实际价格应该介于买价和卖价之间。该价格可以为巨灾债券的实际运行提供相应的参考基础。

第四节　本章小结

本章探讨了分散巨灾风险的其他金融工具——巨灾风险衍生品，依次介绍了四类常见的巨灾风险衍生品，包括巨灾债券、巨灾期权、巨灾期货和巨灾互换。其中，巨灾债券发展迅速，现已成为巨灾保险市场上最为活跃，接受程度最高的巨灾风险衍生品。第二节对巨灾债券的运行机制、演变与发展进行了详细说明，重点梳理了国内外发行地震巨灾债券的案例。第三节基于云南省历年地震灾害损失数据（1992—2014年）进行分析，提出以5.28亿元的年总损失为地震巨灾债券的触发点，并在幂效用函数的条件下对巨灾债券进行了定价，主要基于保险公司的角度计算了卖价和买价，所得价格可以为巨灾债券的实际运行提供相应的参考基础。同时，本章提出的巨灾债券定价方法也可以为实际中巨灾债券定价提供理论依据。

参考文献

[1] 白涌，丁艳琴．积极探索服务民生开创我国农村房屋地震保险先河——云南省开展政策性地震农房保险试点［J］．城市与减灾，2017（2）：43－46.

[2] 曹光中．地震保险试点调查［J］．中国金融，2016（17）：70－71.

[3] 苌欣，蒋存旭．巨灾债券在风险管理中的应用研究——以世界银行发行的巨灾债券为例［J］．产业与科技论坛，2022，21（9）：247－250.

[4] 陈国华，邹梦婷，黄孔星等．化工园区多灾种耦合脆弱性方法探究与前沿综述［J］．化工进展，2019，38（5）：2527－2535.

[5] 陈惠民，孟生旺，吕秀萍．基于分箱策略的巨灾债券风险息差定价模型［J］．统计与信息论坛，2020，35（11）：3－13.

[6] 陈惠民．基于机器学习算法的巨灾债券风险息差定价［J］．数学的实践与认识，2020，50（20）：71－81.

[7] 陈凯．国际地震保险的运作模式对我国的启示［J］．湖北经济学院学报（人文社会科学版），2011，8（12）：56－57＋71.

[8] 陈明之．我国巨灾保险经营模式路径选择研究［J］．西南金融，2019（7）：87－96.

[9] 陈通，郑通彦．2015年中国大陆地震灾害损失述评［J］．灾害学，2016，31（03）：133－137.

[10] 陈威荣．台湾巨灾风险管理证券化问题研究［D］．长沙：中南大学，2011.

[11] 陈巍，曾荻．城乡居民住宅地震巨灾保险发展现状及未来方向

[J]. 中国保险, 2018 (11): 48 - 51.

[12] 陈晓伟. 基于 Copula 函数的地震灾害损失分布研究 [J]. 科技资讯, 2023, 21 (23): 190 - 195.

[13] 陈亚男, 薄涛, 熊政辉等. 超大城市推进地震巨灾保险工作的若干建议——以首都北京为例 [J]. 地震科学进展, 2021, 51 (5): 206 - 214.

[14] 陈勇, 刘旸. 汶川地震后我国再保险体系在巨灾风险管理中的定位设想 [J]. 四川地震, 2010 (2): 17 - 21.

[15] 成桂兰. 基于大数据的地震多发区域破坏程度估计模型设计 [J]. 地震工程学报, 2018, 040 (3): 604 - 611.

[16] 大理州人民政府. 我州政策性农房地震保险完成新一轮投保 [EB/OL]. [2021 - 08 - 21]. http://www.dali.gov.cn/xxgk/zfxxgkml/xxgkml.htm.

[17] 丁少群, 王一婕. 地震保险共保模式的优劣势及制度完善的对策建议——基于四川省地震保险试点方案的分析 [J]. 上海保险, 2016 (2): 40 - 44.

[18] 董钢. 国际典型地震保险制度研究与借鉴——从四川芦山地震看我国地震保险制度建设 [J]. 中国物价, 2013 (6): 73 - 75.

[19] 杜婧. 从国际经验看我国地震巨灾保险基金的建立 [J]. 保险职业学院学报, 2014, 28 (4): 69 - 72.

[20] 段胜. 地震应急能力指数的量化评估指标体系研究 [J]. 保险研究, 2012 (8): 112 - 120.

[21] 付泽钰, 翟国方. 基于多源数据的厦门市地震灾害风险评估 [J]. 地震研究, 2020, 43 (3): 441 - 448 + 601.

[22] 高庆华. 论地震风险 [M]. 北京: 气象出版社, 2011.

[23] 龚日朝, 颜元, 刘玲. 巨灾保险模式及保费厘定方法研究 [J]. 南华大学学报 (自然科学版), 2011, 25 (2): 37 - 44.

[24] 顾业池. 寿险保单证券化利弊辨析 [J]. 保险研究, 2010 (6):

24 – 30.

［25］郭丽楠，袁庆禄，胡军．我国政策性地震保险发展现状、问题及建议研究［J］．上海保险，2022（6）：61 – 64.

［26］国务院．国务院办公厅关于开展第一次全国自然灾害综合风险普查的通知：国办发〔2020〕12 号［EB/OL］．（2020 – 06 – 10）．https：//www.emerinfo.cn/2020 – 06/10/c_1210703379.htm.

［27］韩建平，褚小嘉．基于易损性分析的 RC 框架——填充墙结构地震直接经济损失计算［J］．世界地震工程，2016，32（3）：13 – 20.

［28］郝军章，崔玉杰．基于 POT 模型的巨灾风险度量与保险模式研究——以地震风险为例［J］．数理统计与管理，2016（1）：132 – 141.

［29］郝军章，翟嘉．基于有偏分布的我国地震风险测度与保费厘定［J］．数学的实践与认识，2020，50（23）：57 – 68.

［30］洪丹．我国地震巨灾风险管理中的政府补偿机制研究［D］．上海：上海交通大学，2012.

［31］解强．极值理论在巨灾损失拟合中的应用［J］．金融发展研究，2008（7）：68 – 71.

［32］康晗彬，邢天才．基于损失分布的巨灾再保险偿付规模与定价研究［J］．预测，2014，33（6）：71 – 75.

［33］克里斯蒂安戈利耶著，徐卫宇译．风险和实践经济学［M］．北京：中信出版社、沈阳：辽宁教育出版社，2003.

［34］雷冬嫦，李加明，周云．基于巨灾风险的可保性研究［J］．经济问题探索，2010（7）：108 – 111.

［35］黎益仕，林碧苍，陈华静等．基于灾害风险管理的震害防御业务体系架构建立［J］．震灾防御技术，2021，16（1）：186 – 192.

［36］李冰清，田存志．CAPM 在巨灾保险产品定价中的应用［J］．南开经济研究，2002（4）：31 – 33.

［37］李炳圭，薛万里．我国商业保险公司经营地震巨灾保险的可行性探讨［J］．保险研究，1997（1）：44 – 46.

［38］李洪兵，唐成浩，韩咪，等．SSA－BP神经网络模型在地震伤亡人数预测中的应用［J］．安全，2024，45（4）：82－88.

［39］李莎莎，翟国方．基于阶段分析理论的地震风险信息偏好分析［J］．城市建筑，2018（35）：12－15.

［40］李天顺．云南自然灾害状况与综合灾害风险管理［J］．西部学刊，2023（17）：10－14.

［41］李伟，杜锦辰，张超，等．融合多源数据研究积石山地震灾害及人口伤亡时空演化［J/OL］．武汉大学学报（信息科学版）：1－15［2024－05－17］.

［42］李昕．日本地震对中国地震巨灾风险管理的启示［N］．中国保险报，2011－05－10（4）.

［43］李亚敏．我国保险资金运用问题研究［D］．上海：复旦大学，2007.

［44］李延明，吴燕．巨灾债券在巨灾风险管理中的应用［J］．商业研究，2005，（05）：78－81.

［45］李垠，刘全，张亦梅，等．水利水电工程临时道路的地震致灾风险评估研究——以四川地区为例［J/OL］．中国农村水利水电：1－14［2024－05－17］.

［46］李永，刘鹃．基于无套利利率模型的台风巨灾债券定价研究［J］．预测，2010，29（1）：49－53.

［47］李勇权．巨灾保险风险证券化研究［M］．北京：中国财政经济出版社，2005.

［48］李云仙，董志伟，钱振伟．基于混合模型对地震巨灾风险的分析［J］．数理统计与管理，2017，36（4）：571－579.

［49］李长云．我国地震风险发行巨灾债券的可行性研究［J］．北方经济，2010（5）：77－78.

［50］李政宵，刘新红，孟生旺．多维地震风险模型与保险基金测算［J］．保险研究，2022（10）：45－60.

[51] 廖梦语. 对我国地震风险债券运作模式的思考 [J]. 时代金融, 2013 (12): 250.

[52] 林婷婷, 叶先宝. 美国加州地震保险模式 [J]. 中国金融, 2019 (11): 91 -92.

[53] 林文昌, 赖怡洵. 台湾巨灾超额再保险契约与评价 [J]. 风险管理学报, 2003 (2): 233 -260.

[54] 刘欢. 全新的保险经营理念——保险风险证券化 [J]. 上海保险, 1999 (12): 42 -44.

[55] 刘甲子. 巨灾保险基金破产相关问题研究与中国地震再保险基金模拟 [D]. 成都: 西南财经大学, 2011.

[56] 刘金平. 基于机器学习的地震灾害直接经济损失评估研究 [D]. 北京: 中国地震局地震预测研究所, 2024.

[57] 刘金萍. 我国地震保险法律研究 [D]. 兰州: 兰州大学, 2023.

[58] 刘静, 肖宇谷, 曾宇哲. 基于指数效用函数的零息巨灾债券无差异定价 [J]. 保险研究, 2018 (8): 35 -46.

[59] 刘娟, 李永. 中国地震损失分布与巨灾债券定价研究 [J]. 财贸研究, 2009 (6): 82 -88.

[60] 刘明广, 郭章林. 基于 GA - ANN 的震灾风险预测模型研究 [J]. 中国工程科学, 2006 (3): 83 -86.

[61] 刘瑞. 日本地震保险经验 [J]. 中国金融, 2016 (23): 83 -84.

[62] 刘树枫. 构建我国地震巨灾保险体系的思考 [J]. 经济问题, 2009 (4): 83 -85.

[63] 刘蔚. 地震保险基金的国际比较——基于筹资与风险分担视角 [J]. 中国保险, 2014 (7): 58 -63.

[64] 刘昕龙, 姜世杰, 李哲. 地震巨灾保险共同体的风险转移效率研究 [J]. 保险研究, 2017 (4): 49 -66.

[65] 刘洋, 朱衡. 基于 g - h 分布的我国地震巨灾债券定价研究 [J]. 金融与经济, 2022 (5): 14 -22.

［66］卢颖，侯云玥，郭良杰，等．沿海城市多灾种耦合危险性评估的初步研究——以福建泉州为例［J］．灾害学，2015，30（1）：211－216.

［67］吕薇，汤俊卿，赵鹏军，等．我国地震灾害影响下的人群移动研究回顾与展望［J/OL］．灾害学：1－9［2024－05－17］.

［68］孟生旺，李政宵．地震死亡人数预测与巨灾保险基金测算［J］．统计研究，2018，35（10）：89－102.

［69］孟生旺，王维．零膨胀损失次数回归模型及其应用［J］．兰州商学院学报，2011（1）：1－7.

［70］米宏亮，李洋，侯建盛．2007 年中国大陆地震灾害损失述评．国际地震动态，2008（2）：41－45.

［71］庙成，王骏，林虹宇，等．基于 F－D 曲线法的中国大陆地区地震灾害经济可接受风险研究［J］．世界地震工程，2023，39（2）：1－10.

［72］缪佳伟．地震指数保险及其定价研究［D］．成都：西南财经大学，2024.

［73］欧阳资生．超出损失再保险纯保费的估计［J］．统计与决策，2008（6）：28－29.

［74］欧阳资生．极值理论：巨灾保险的统计理论基础［J］．统计与决策，2006（11）：13－14.

［75］裴鑫．巨灾保险发展的国际经验借鉴［J］．中国保险，2021（9）：55－59.

［76］钱振伟．巨灾风险管理与保险［M］．北京：中国金融出版社，2021.

［77］任静，阿里木江·亚力昆，李志强，温和平，李晓丽．2020 年 1 月 19 日新疆伽师 6.4 级地震灾害损失快速评估精准性分析［J］．震灾防御技术，2020，15（2）：349－358.

［78］邵腾伟，冉光和．基于 POT－GDP 损失分布的农业自然灾害 VAR 估算［J］．统计研究，2011（7）：79－83.

［79］施建祥，陈海燕．我国巨灾保险风险证券化研究——洪涝灾害

债券的初步设计［J］. 保险职业学院学报，2012（6）：5－10.

［80］四川省地震局. 四川省城乡居民住房地震保险试点工作成绩显著［EB/OL］.［2017－01－10］. https：//www. scdzj. gov. cn/xwzx/xydt/201701/t20170110_31192. html.

［81］四川省地震局. 四川是如何给地震加“保险”的？［EB/OL］.［2018－11］.

［82］四川省人民政府. 四川省城乡居民住房地震保险试点工作方案［Z］. 2015. 4.

［83］孙磊. 中国地震灾害管理的历史进路、变迁动力与现实挑战［J］. 中国应急管理科学，2023，（11）：53－65.

［84］孙伟，牛津津. 关于我国地震灾害损失分布函数的研究［J］. 统计与决策，2008（13）：4－5.

［85］孙艳萍，陈文凯，李大贵，等. 甘肃省地震灾害防御服务平台设计与实现［J/OL］. 地震工程学报：1－10［2024－05－17］.

［86］孙振涛，姚定俊，程恭品. 风险反馈条件下多事件触发巨灾债券的最优折扣系数研究［J］. 应用概率统计，2021，37（5）：461－477.

［87］陶正如，陶夏新. 巨灾保险衍生品［J］. 自然灾害学报，2007（4）：132－138.

［88］滕五晓，加藤孝明. 日本地震灾害保险体制的形成及其问题［J］. 自然灾害学报，2003（4）：93－99.

［89］田玲，吴亚玲，沈祥成. 基于 CVaR 的地震巨灾保险基金规模测算［J］. 经济评论，2016（4）：141－150.

［90］田玲，向飞. 基于风险定价框架的巨灾债券定价模型比较研究［J］. 武汉大学学报（哲学社会科学版），2006（2）：168－174.

［91］田玲，姚鹏. 地震保险费率厘定研究［J］. 北京理工大学学报（社会科学版），2013，15（3）：54－59.

［92］田玲，姚鹏. 我国巨灾保险基金规模研究——以地震风险为例［J］. 保险研究，2013（4）：13－21.

［93］王晨晖，袁颖，吕国军．基于 BAS－ELM 的地震经济损失预测［J］．世界地震工程，2024，40（1）：199－205.

［94］王浩，闫超．地震灾害保险的特征与作用分析［J］．中国减灾，2013（15）：24－25.

［95］王和，王季薇．破解五大难题 推动制度落地——加快我国巨灾保险制度建设再思考［J］．中国保险，2014（7）：24－29.

［96］王嘉君，何亚伯，杨琳，等．基于 GIS 的山区村镇多灾种耦合风险评估［J］．中国地质灾害与防治学报，2018，29（1）：102－112.

［97］王望珍，张可欣，陈瑶．基于 GIS 的神农架林区多灾种耦合综合风险评估［J］．湖北农业科学，2018，57（5）：49－54＋110.

［98］王伟，杨甜甜，刘磊，岳琮第．论政策性保险的内涵与外延［J］．金融理论与实践，2013（8）：1－5.

［99］王稳，张运智．完全保险假说框架下地震风险分担效果的实证检验［J］．保险研究，2015（9）：39－50.

［100］王翔，李云仙，李幸．农房地震保险费率厘定研究——以云南省为例［J］．保险研究，2015（8）：88－97.

［101］王小东，粟春晨，宋圣楠，等．基于多租户的高性能地震保险损失评估 SaaS 云平台设计与实现［J］．震灾防御技术，2021，16（2）：253－262.

［102］王新军．财产保险中损失分布建模方法性研究［J］．统计研究，2002（11）：40－43.

［103］王银成．巨灾保险制度研究［M］．北京：中国金融出版社，2013.

［104］韦勇凤，翁成峰，李勇．基于 Wang 双因素变换的公私合作中国地震巨灾债券定价［J］．数理统计与管理，2015，34（3）：513－520.

［105］魏龙飞，赵苑达，包振华．基于触发机制和支付结构的巨灾债券定价研究——以我国地震灾害为例［J］．财经论丛，2020（11）：53－62.

[106] 魏敏杰，田玲．巨灾风险证券化及在中国保险市场的应用［J］．科技进步与对策，2003，20（13）：173－175.

[107] 毋志强，姚新强．基于“空—天—地”一体化的地震灾害风险动态监测与评估策略研究［J］．四川地震，2024（1）：13－18.

[108] 吴健．地震灾害风险防治的方向及路径［J］．防灾博览，2021（4）：28－31.

[109] 吴伟达，江利杰．“试点”模式下财政支持型巨灾保险法治化的中国路径［J］．宏观经济研究，2021（11）：34－47.

[110] 肖海清，孟生旺．极值理论及其在巨灾再保险定价中的应用［J］．数理统计与管理，2013（2）：25－34.

[111] 肖文，孙明波．保险风险证券化的涵义及其发展［J］．浙江金融，2003（1）：42－43.

[112] 谢家智，陈利．我国巨灾风险可保性的理性思考［J］．保险研究，2011，（11）：20－30.

[113] 谢世清，曲秋颖．保险连接证券的最新发展动态分析［J］．保险研究，2010（7）：84－89.

[114] 谢世清．CME－Carvill 飓风指数期货与期权分析［J］．证券市场导报，2009b，（06）：9－13.

[115] 谢世清．极端死亡率风险证券化的理论研究综述［J］．保险研究，2015（1）：92－99.

[116] 谢世清．加勒比巨灾风险保险基金的运作及其借鉴［J］．财经科学，2010a（1）：32－39.

[117] 谢世清．巨灾风险管理工具的当代创新研究［J］．宏观经济研究，2009a，（11）：15－20.

[118] 谢世清．巨灾债券的精算定价模型评析［J］．财经论丛，2011（1）：70－76.

[119] 谢世清．论巨灾期货及其市场演进［J］．财经理论与实践，2010b，31（4）：17－21.

［120］谢世清．论巨灾期权及其演进［J］．经济理论与经济管理，2010c，（6）：36－42.

［121］谢世清．长寿债券的运行机制与定价模型［J］．财经理论与实践，2014（2）：35－39.

［122］徐国栋，薄景山，李巨文，等．多维损失指标的灾度计算模型［J］．地震工程与工程振动，2023，43（3）：198－207.

［123］徐国栋，薄景山，李巨文，等．基于双损失指标的地震灾度模型［J］．中国地震，2022，38（2）：304－314.

［124］徐伦望．我国地震风险损失分担机制研究［D］．成都：西南财经大学，2020.

［125］徐伟，王静爱，史培军，等．中国城市地震灾害危险度评价［J］．自然灾害学报，2004（1）：9－15.

［126］许才顺．面向地震灾害演化过程的多阶段风险评价算法研究［D］．合肥：安徽建筑大学，2023.

［127］许冲，徐锡伟，周本刚，等．同震滑坡发生概率研究——新一代地震滑坡危险性模型［J］．工程地质学报，2019，27（5）：1122－1130.

［128］薛梅．地震巨灾的公共物品性质及我国地震风险管理模式构建［J］．金融理论探索，2009，000（6）：75－79.

［129］闫泽正，赵晗萍，梁瑾璠，等．基于网络灾情数据融合的震后建筑物倒塌快速评估［J］．防灾减灾工程学报，2024，44（1）：12－27.

［130］杨帆，周明．中国巨灾债券定价策略与期限结构研究——以地震债券为例［J］．金融经济学研究，2016，31（3）：118－128.

［131］杨凯，齐中英，黄凤．我国发展巨灾保险所面临的供需不足分析及建议［J］．商业研究，2006（6）：91－95.

［132］杨凯，齐中英，孔石．对巨灾保险定价的探讨［J］．技术经济与管理研究，2005（6）：23－25.

［133］杨琳苹，胡伟辉．国外巨灾保险风险证券化的经验与启示［J］．上海保险，2016（8）：46－49.

［134］杨天一．建立地震巨灾保险制度的实践与路径思考［J］．四川省干部函授学院学报，2017（1）：137－140．

［135］杨雅明，张晴，李秀芳．基于联合分位数回归的地震灾害二元损失评估模型及其应用［J］．中央财经大学学报，2023（11）：41－51．

［136］杨永宁，钟毅恒．保险风险证券化：资本市场的保险创新［J］．西南金融，2003（5）：58－60．

［137］姚壬元．巨灾风险证券化研究［J］．中南财经政法大学学报，2004（5）：102－108＋144．

［138］姚新强，王东明，曹井泉，等．天津地震灾害风险防治业务体系研究［J］．地震工程学报，2022，44（6）：1429－1440＋1449．

［139］于陶，刘汉龙，王笃波，等．资本资产定价模型在工程地震保险费率厘定中的应用［J］．防灾减灾工程学报，2012，32（3）：378－383．

［140］于汐，唐彦东，王凤京，等．区域地震保险费率定价研究——河北省为例［J］．数学的实践与认识，2015，45（21）：172－180．

［141］袁力，王和．地震保险制度研究［M］．北京：中国经济出版社，2013．

［142］云南省人民政府．《全国首个政策性农房地震保险试点在云南省大理州启动》［R］．2015.08．

［143］詹森，张景发，王建飞，等．基于多时相双极化 Sentinel－1A 数据的震害建筑物提取［J］．自然灾害学报，2019，28（5）：9．

［144］展凯，刘苏珊．基于 Copula 方法的复合触发机制巨灾债券定价研究［J］．保险研究，2019（11）：13－24．

［145］张璐．地震风险转移机制研究［J］．保险职业学院学报，2013，27（3）：49－51．

［146］张莹，郭红梅，尹文刚，等．基于特征提取的 SVM 图像分类技术的无人机遥感建筑物震害识别应用研究［J］．灾害学，2022，37（4）：30－36．

［147］张祖荣．我国地震保险制度建设探讨［J］．现代财经（天津财

经大学学报），2010，30（3）：32－38.

［148］赵锦城．人寿保险证券化及其在化解我国寿险业利差损问题中的应用［M］．苏州：苏州大学，2006.

［149］赵煜，韩旭昊，孙艳萍，等．基于PSO－ELM的地震死亡人员评估方法研究［J/OL］．地震工程学报，2024（3）：742－750.

［150］赵苑达．日本地震保险：制度设计·评析与借鉴［J］．东北财经大学学报，2003（2）：18－21.

［151］郑山锁，相泽辉，郑捷，等．我国建筑物地震保险制度及保险费率厘定研究［J］．灾害学，2016，31（3）：1－7＋19.

［152］郑通彦，冯蔚，郑毅．2014年中国大陆地震灾害损失述评［J］．世界地震工程，2015，31（2）：202－208.

［153］郑通彦，李洋，侯建盛，米宏亮．2008年中国大陆地震灾害损失述评［J］．灾害学，2010，25（2）：112－118.

［154］郑通彦，李洋，侯建盛，米宏亮．2009年中国大陆地震灾害损失述评［J］．灾害学，2010，25（4）：98－101.

［155］郑通彦，赵萍，刘在涛．2010年中国大陆地震灾害损失述评［J］．自然灾害学报，2011，20（4）：107－113.

［156］郑通彦，郑毅．2011年中国大陆地震灾害损失述评［J］．自然灾害学报，2012，21（5）：88－97.

［157］郑通彦，郑毅．2012年中国大陆地震灾害述评［J］．自然灾害学报，2014，23（3）：166－170.

［158］郑通彦，郑毅．2013年中国大陆地震灾害损失述评［J］．自然灾害学报，2015，24（1）：239－246.

［159］郑伟．地震保险：国际经验与中国思路［J］．保险研究，2008（6）：9－14.

［160］周伏平．巨灾风险证券化研究——金融、保险一体化的典范［J］．财经研究，2002（2）：36－41.

［161］周贺君，金燕生．巨灾债券的一种定价模型［J］．数学理论，

2009 (11): 44 -45.

[162] 周小红. 高额医疗费用保险定价方法比较研究 [D]. 成都: 西南财经大学, 2006.

[163] 周延. 农业巨灾保险风险区划及费率厘定研究 [J]. 江西财经大学学报, 2011 (6): 61 -67.

[164] 卓志, 丁元昊. 巨灾风险: 可保性与可负担性 [J]. 统计研究, 2011, 28 (9): 74 -79.

[165] 卓志, 王伟哲. 巨灾风险后尾分布: POT 模型及其应用 [J]. 保险研究, 2011 (8): 13 -19.

[166] 卓志, 吴婷. 中国地震巨灾保险制度的模式选择与设计 [J]. 中国软科学, 2011 (1): 17 -24.

[167] 卓志. 改革开放 40 年巨灾保险发展与制度创新 [J]. 保险研究, 2018 (12): 78 -83.

[168] 邹新, 彭修宁, 邓敬旻. 基于 BIM 的结构地震损伤性能评估方法 [J]. 土木工程与管理学报, 2023, 40 (5): 129 -139.

[169] GB/T 18207. 防震减灾术语 第 1 部分: 基本术语 [S]. 2008.

[170] Alexander, D., Alexander, D. E. (2000). Confronting Catastrophe: New Perspectives on Natural Disasters. Oxford University Press, USA.

[171] Anggraeni, W., Supian, S., Sukono, & Halim, N. B. A. (2022). Earthquake catastrophe bond pricing using extreme value theory: A mini - review approach. Mathematics, 10 (22), 4196.

[172] Assembly, U. G. (2016). Report of the open - ended intergovernmental expert working group on indicators and terminology relating to disaster risk reduction. United Nations General Assembly, New York, NY, USA. 41.

[173] Augustine, L. V. (1998). Catastrophe risk mitigation: a survey of methods. In Casualty Actuarial Society Forum Casualty Actuarial Society (323 - 342).

[174] Badal, J., V'azquez - Prada, M., & Gonz'alez, A. (2005). Pri-

liminary quantitative assessment of earthquake casualties. Nat Hazards, 34, 353 – 374.

[175] Badal, P. S., & Sinha, R. (2022). A multi – objective performance – based seismic design framework for building typologies. Earthquake Engineering & Structural Dynamics, 51 (6), 1343 – 1362.

[176] Bali, T. G. (2003). The Generalized Extreme Value Distribution [J]. Economics Letters (79), 423 – 427.

[177] Balkema, A., & de Haan, L. (1974). Residual life time at great age. Ann. Prob., 2, 792 – 804.

[178] Barendse, S. (2020). Efficiently weighted estimation of tail and interquantile expectations. Preprint. URL.

[179] Beckett, S., Jee, J., Ncube, T., Pompilus, S., Washinton, Q., Singh, A., & Pal, N. (2014). Zero – inflated poisson (zip) distribution: parameterestimation and applications to model data from natural calamities. Journal of Risk and Insurance, 6, 751C767.

[180] Behrens, C. N., Lopes, H. F., & Gamerman, D. (2004). Bayesian analysis of extreme events with threshold estimation. Statistical modelling, 4 (3), 227 – 244.

[181] Beirlant, J., Derveaux, V., De Meyer, A. M., Goovaerts, M. J., Labie, E., & Maenhoudt, B. (1992). Statistical risk evaluation applied to (Belgian) car insurance. Insurance: Mathematics and Economics, 10 (4), 289 – 302.

[182] Blumenthal, S., & Dahiya, R. C. (1981). Estimating the binomial parameter n. Journal of the American Statistical Association, 76 (376), 903 – 909.

[183] Bohning, D. (1998). Zero – inflated poisson models and c. a. man: A tutorial collection of evidence. Biometrical Journal, 40, 833 – 843.

[184] Borden, S., & Sarkar, A. (1996). Securitizing property catas-

trophe risk. Current Issues in Economics and Finance, 2 (9).

[185] Boucher, J. P., Denuit, M., & Guillen, M. (2009). Number of accidents or number of claims? An approach with zero – inflated Poisson models for panel data. Journal of Risk and Insurance, 76 (4), 821 – 846.

[186] Brodin, E., & Rootzén, H. (2009). Univariate and bivariate GPD methods for predicting extreme wind storm losses. Insurance: Mathematics and Economics, 44 (3), 345 – 356.

[187] Cabras, S., Castellanos, M. E., & Gamerman, D. (2011). A default Bayesian approach for regression on extremes. Statistical Modelling, 11 (6), 557 – 580.

[188] Carmona, R. (2009). Indifference pricing: theory and applications. Princeton University Press.

[189] Carreau, J., & Bengio, Y. (2009). A hybrid Pareto mixture for conditional asymmetric fat – tailed distributions. IEEE transactions on neural networks, 20 (7), 1087 – 1101.

[190] Castellanos, M. E., & Cabras, S. (2007). A default Bayesian procedure for the generalized Pareto distribution. Journal of Statistical Planning and Inference, 137 (2), 473 – 483.

[191] Chantarat, S., Mude, A. G., Barrett, C. B., & Carter, M. R. (2013). Designing index – based livestock insurance for managing asset risk in northern Kenya. Journal of Risk and Insurance, 80 (1), 205 – 237.

[192] Chernozhukov, V., & Hansen, C. (2006). Instrumental quantile regression inference for structural and treatment e_ect models. Journal of Econometrics, 132 (2), 491 – 525.

[193] Cheung, Y. (2002). Zero – inflated models for regression analysis of count data: A study of growth and development. Statistics in Medicine, 21, 1461 – 1469.

[194] Clement, K. Y., Botzen, W. W., Brouwer, R., & Aerts, J. C.

(2018). A global review of the impact of basis risk on the functioning of and demand for index insurance. International Journal of Disaster Risk Reduction, 28, 845 – 853.

[195] Coburn, A. W., Spence, R. J., & Pomonis, A. (1991). Vulnerability and risk assessment. In Vulnerability and risk assessment (48 – 48).

[196] Coles, S., Bawa, J., Trenner, L., & Dorazio, P. (2001). An introduction to statistical modeling of extreme values (Vol. 208, p. 208). London: Springer.

[197] Cox, S. H., & Pedersen, H. W. (2000). Catastrophe risk bonds. North American Actuarial Journal, 4 (4), 56 – 82.

[198] Cox, S. H., Fairchild, J. R., & Pedersen, H. W. (2000). Economic aspects of securitization of risk. ASTIN Bulletin: The Journal of the IAA, 30 (1), 157 – 193.

[199] Cummins, D., Lewis, C., & Phillips, R. (1999). Pricing excess – of – loss reinsurance contracts against cat as trophic loss. In The financing of catastrophe risk (pp. 93 – 148). University of Chicago Press.

[200] Cummins, J. D., & Phillips, R. D. (2000). Applications of financial pricing models in property – liability insurance. Handbook of insurance, 621 – 655.

[201] Czajkowski, J., K., S., & D., S. (2011). An analysis of coastal and inland fatalities in landfalling us hurricanes. Nat Hazards, 59, 1513C1531.

[202] D'Arcy, S., France, V. G., & Gorvett, R. W. (1996). Pricing Catastrophe Risk: Could Cat Futures Have Coped Andrew? . University of Illinois at Urbana – Champaign.

[203] Dassios, A., & Jang, J. W. (2003). Pricing of catastrophe reinsurance and derivatives using the Cox process with shot noise intensity. Finance and Stochastics, 7, 73 – 95.

[204] Davison, A. C., & Smith, R. L. (1990). Models for exceedances over high thresholds. Journal of the Royal Statistical Society Series B: Statistical Methodology, 52 (3), 393 -425.

[205] Dercon, S., Hill, R. V., Clarke, D., Outes - Leon, I., & Taffesse, A. S. (2014). Offering rainfall insurance to informal insurance groups: Evidence from a field experiment in Ethiopia. Journal of Development Economics, 106, 132 -143.

[206] Diebolt, J., & Robert, C. P. (1994). Estimation of finite mixture distributions through Bayesian sampling. Journal of the Royal Statistical Society: Series B (Methodological), 56 (2), 363 -375.

[207] Draper, N., & Guttman, I. (1971). Bayesian estimation of the binomial parameter. Technometrics, 13 (3), 667 -673.

[208] Duzgun, H. S. B., Yucemen, M. S., Kalaycioglu, H. S., Celik, K. E. Z. B. A. N., Kemec, S., Ertugay, K. I. V. A. N. Ç., & Deniz, A. (2011). An integrated earthquake vulnerability assessment framework for urban areas. Natural hazards, 59, 917 -947.

[209] Ellsberg, D. (1961). The crude analysis of strategy choices. The American Economic Review, 51 (2), 472 -478.

[210] Embrechts, P., Kluppelberg, C., & Mikosch, T. (1999). Modelling extremal events. British actuarial journal, 5 (2), 465 -465.

[211] Embrechts, P., Klüppelberg, C., Mikosch, T., (1997). Modelling Extremal Events: for Insurance and Finance. In: Applications of Mathematics, Springer - Verlag, Berlin.

[212] Embrechts, P., McNeil, A. J., Frey, R., (2005). Quantitative Risk Management: Concepts, Techniques, and Tools. Princeton University Press.

[213] Famoye, F., & Singh, K. P. (2006). Zero - inflated generalized Poisson regression model with an application to domestic violence data. Jour-

nal of Data Science, 4 (1), 117 - 130.

[214] Feng, Z. D., & McCulloch, C. E. (1996). Using bootstrap likelihood ratios in finite mixture models. Journal of the Royal Statistical Society: Series B (Methodological), 58 (3), 609 - 617.

[215] Fisher, R. A., & Tippett, L. H. C. (1928). Limiting forms of the frequency distribution of the largest or smallest member of a sample. In Mathematical proceedings of the Cambridge philosophical society (Vol. 24, No. 2, pp. 180 - 190). Cambridge University Press.

[216] Flanagan, B. E., Gregory, E. W., Hallisey, E. J., Heitgerd, J. L., & Lewis, B. (2011). A social vulnerability index for disaster management. Journal of homeland security and emergency management, 8 (1), 0000102202154773551792.

[217] Föllmer, H., & Schweizer, M. (1991). Hedging of contingent claims under incomplete information. Applied stochastic analysis, 5 (389 - 414), 19 - 31.

[218] Fournier d'Albe, E. M. (1979). Objectives of volcanic monitoring and prediction. Journal of the Geological Society, 136 (3), 321 - 326.

[219] Frees, E. W., & Valdez, E. A. (2008). Hierarchical insurance claims modeling. Journal of the American Statistical Association, 103 (484), 1457 - 1469.

[220] Froot, K. A., & Posner, S. E. (2002). The pricing of event risks with parameter uncertainty. The Geneva Papers on Risk and Insurance Theory, 27, 153 - 165.

[221] Fuzi, M. F. M., Jemain, A. A., & Ismail, N. (2016). Bayesian quantile regression model for claim count data. Insurance: Mathematics and Economics, 66, 124 - 137.

[222] Galeotti, M., Gürtler, M., & Winkelvos, C. (2013). Accuracy of premium calculation models for CAT bonds - an empirical analysis. Journal of

Risk and Insurance, 80 (2), 401 - 421.

[223] Gallina, V., Torresan, S., Zabeo, A., Critto, A., Glade, T., & Marcomini, A. (2020). A multi - risk methodology for the assessment of climate change impacts in coastal zones. Sustainability, 12 (9), 3697.

[224] Gelfand, A. E., & Ghosh, S. K. (1998). Model choice: a minimum posterior predictive loss approach. Biometrika, 85 (1), 1 - 11.

[225] Gelfand, A. E., Kottas, A., & MacEachern, S. N. (2005). Bayesian nonparametric spatial modeling with Dirichlet process mixing. Journal of the American Statistical Association, 100 (471), 1021 - 1035.

[226] Geman, S., & Geman, D. (1984). Stochastic relaxation, Gibbs distributions, and the Bayesian restoration of images. IEEE Transactions on pattern analysis and machine intelligence, (6), 721 - 741.

[227] Gerber, H. U., & Pafum, G. (1998). Utility functions: from risk theory to finance. North American Actuarial Journal, 2 (3), 74 - 91.

[228] Grace, M. F., Klein, R. W., & Kleindorfer, P. R. (2004). Homeowners insurance with bundled catastrophe coverage. Journal of Risk and Insurance, 71 (3), 351 - 379.

[229] Gutierrez, E., Taucer, F., De Groeve, T., Al - Khudhairy, D. H. A., & Zaldivar, J. M. (2005). Analysis of worldwide earthquake mortality using multivariate demographic and seismic data. American journal of epidemiology, 161 (12), 1151 - 1158.

[230] Guure, C. B., & Ibrahim, N. A. (2012). Bayesian analysis of the survival function and failure rate of Weibull distribution with censored data. Mathematical problems in engineering, 2012 (1), 329489.

[231] Hall, D. B. (2000). Zero - inflated Poisson and binomial regression with random effects: a case study. Biometrics, 56 (4), 1030 - 1039.

[232] Hallin, M., Lu, Z., & Yu, K. (2009). Local linear spatial quantile regression. Bernoulli 15, 659 - 686.

[233] Hao, L., & Naiman, D. Q. (2007). Quantile regression (No. 149). Sage.

[234] Harrington, S. E., & Niehaus, G. (2003). Capital, corporate income taxes, and catastrophe insurance. Journal of Financial Intermediation, 12 (4), 365 -389.

[235] Harrison, J. M., & Kreps, D. M. (1979). Martingales and arbitrage in multiperiod securities markets. Journal of Economic theory, 20 (3), 381 -408.

[236] Hastings, W. K. (1970). Monte Carlo sampling methods using Markov chains and their applications. Biometrika 57, 97 - 109.

[237] Hays, W., Mohammadioun, B., & Mohammadioun, J. (1998). Seismic zonation: a framework for linking earthquake risk assessment and earthquake risk management. Monograph prepared for the Workshop on Seismic Zonation convened on September 9, 1998, in Paris, France, in conjunction with XI ECEE. Ouest Éditions.

[238] Helfenstein, R., & Holzheu, T. (2006). Securitization - new opportunities for insurers and investors. Swiss Reinsurance Company, Economic Research & Consulting.

[239] Hoyos, M. C., & Silva, V. (2024). A database and empirical model for earthquake post - loss amplification. Earthquake Spectra, 40 (1), 629 -646.

[240] Ibrahim, J. G., & Laud, P. W. (1994). A predictive approach to the analysis of designed experiments. Journal of the American Statistical Association, 89 (425), 309 -319.

[241] Ibrahim, J. G., Chen, M. H., & Sinha, D. (2001). Criterion - based methods for Bayesian model assessment. Statistica Sinica, 419 -443.

[242] Ishwaran, H., & Zarepour, M. (2002). Dirichlet prior sieves in finite normal mixtures. Statistica Sinica, 941 -963.

[243] Ismail, E. A. A. (2016). The Complementary Compound Truncated Poisson – Weibull Distribution for Pricing Catastrophic Bonds for Extreme Earthquakes. British Journal of Economics, Management & Trade, 14 (2), 1 –9.

[244] Jaffee, D. M., & Russell, T. (1997). Catastrophe insurance, capital markets, and uninsurable risks. Journal of Risk and Insurance, 205 –230.

[245] Jensen, N. D., Barrett, C. B., & Mude, A. (2014). Basis risk and the welfare gains from index insurance: Evidence from northern Kenya. MPRA Paper, 80 (1), 205 –237.

[246] Jensen, N. D., Mude, A. G., & Barrett, C. B. (2018). How basis risk and spatiotemporal adverse selection influence demand for index insurance: Evidence from northern Kenya. Food Policy, 74, 172 –198.

[247] Jeong, H., & Valdez, E. A. (2020). Predictive compound risk models with dependence. Insurance: Mathematics and Economics, 94, 182 –195.

[248] Kalakonas, P., & Silva, V. (2022). Seismic vulnerability modelling of building portfolios using artificial neural networks. Earthquake Engineering & Structural Dynamics, 51 (2), 310 –327.

[249] Karagiannis, N., Assa, H., Pantelous, A. A., & Turvey, C. G. (2016). Modelling and pricing of catastrophe risk bonds with a temperature – based agricultural application. Quantitative Finance, 16 (12), 1949 –1959.

[250] Karlis, D. (2005). EM algorithm for mixed Poisson and other discrete distributions. ASTIN Bulletin: The Journal of the IAA, 35 (1), 3 –24.

[251] Karlis, D., & Ntzoufras, I. (2003). Analysis of sports data using bivariate poisson models. Journal of the Royal Statistical Society D, 52, 381 –393.

[252] Karlis, D., & Ntzoufras, I. (2006). Bayesian analysis of the di_ erences of count data. Statistics in Medicine, 25, 1885 –1905.

[253] Kass, R. E., & Raftery, A. E. (1995). Bayes factors. Journal of the american statistical association, 90 (430), 773 –795.

[254] Kim, M. O., & Yang, Y. (2011). Semiparametric approach to

a random effects quantile regression model. Journal of the American Statistical Association, 106 (496), 1405 - 1417.

[255] Kim, Y. S., Naik, S. P., Choi, J. H., Jin, K., Ho, G. R., Kim, T., & Lee, J. (2023). Kinematic analysis and fault - dependence of building - wall fracture patterns during moderate earthquakes. Geosciences Journal, 27 (6), 769 - 780.

[256] King, C., & Song, J. J. (2019). Bayesian spatial quantile regression for areal count data, with application on substitute care placements in Texas. Journal of Applied Statistics, 46 (4), 580 - 597.

[257] Koenker, R. (2005). Quantile regression. Cambridge: Cambridge University Press.

[258] Koenker, R., & Bassett Jr, G. (1978). Regression quantiles. Econometrica: journal of the Econometric Society, 46, 33 - 50.

[259] Koenker, R., & Hallock, K. F. (2001). Quantile regression. Journal of economic perspectives, 15 (4), 143 - 156.

[260] Kottas, A., & Krnjajić, M. (2009). Bayesian semiparametric modelling in quantile regression. Scandinavian Journal of Statistics, 36 (2), 297 - 319.

[261] Kourehpaz, P., & Molina Hutt, C. (2022). Machine learning for enhanced regional seismic risk assessments. Journal of Structural Engineering, 148 (9), 04022126.

[262] Lambert, D. (1992). Zero - inflated Poisson regression, with an application to defects in manufacturing. Technometrics, 34 (1), 1 - 14.

[263] Ledbetter, M. R., Lindgren, G., & Rootzén, H. (1983). Extremes and related properties of random sequences and series. Springer, London.

[264] Lee, D., & Neocleous, T. (2010). Bayesian quantile regression for count data with application to environmental epidemiology. Journal of the Royal Statistical Society. Series C, 59 (5), 905 - 920.

[265] Lee, M. (1992). Median regression for ordered discrete response. Journal of Econometrics, 51, 59 – 77.

[266] Lee, S. Y. (2007). Structural equation modeling: A Bayesian approach. John Wiley & Sons.

[267] Li, L., Wang, J., Leung, H., & Zhao, S. (2012). A bayesian method to mine spatial data sets to evaluate the vulnerability of human beings tocatastrophic risk. Risk Anal., 32 (6), 1072 – 1092.

[268] Li, Y., Tang, N., & Jiang, X. (2016). Bayesian approaches for analyzing earthquake catastrophic risk. Insurance: Mathematics and Economics, 68, 110 – 119.

[269] Li, Y., Yutaka, K., Pan, J., & Song, X. (2012). A criterion – based model comparison statistic for structural equation models with heterogeneousdata. Journal of Multivariate Analysis, 112, 92 – 107.

[270] Lin, Y., & Cox, S. H. (2008). Securitization of catastrophe mortality risks. Insurance: Mathematics and Economics, 42 (2), 628 – 637.

[271] Loubergé, H., Kellezi, E., & Gilli, M. (1999). Using catastrophe – linked securities to diversify insurance risk: A financial analysis of CAT bonds. Journal of Insurance Issues, 125 – 146.

[272] Machado, J. A. F., & Silva, J. S. (2005). Quantiles for counts. Journal of the American Statistical Association, 100 (472), 1226 – 1237.

[273] Matthys, G., Delafosse, E., Guillou, A., & Beirlant, J. (2004). Estimating catastrophic quantile levels for heavy – tailed distributions. Insurance: Mathematics and Economics, 34 (3), 517 – 537.

[274] McLachlan, G. J. (1987). On bootstrapping the likelihood ratio test statistic for the number of components in a normal mixture. Journal of the Royal Statistical Society: Series C (Applied Statistics), 36 (3), 318 – 324.

[275] McMillen, D. P. (2012). Quantile regression for spatial data. Springer Science & Business Media.

[276] Mechler, R. (2004). Natural disaster risk management and financing disaster losses in developing countries (Doctoral dissertation, Karlsruhe, Univ., Diss., 2003).

[277] Metropolis, N., Rosenbluth, A. W., Rosenbluth, M. N., Teller, A. H., & Teller, E. (1953). Equation of state calculations by fast computing machines. The journal of chemical physics, 21 (6), 1087 - 1092.

[278] Miranda, M. J., & Farrin, K. (2012). Index insurance for developing countries. Applied Economic Perspectives and Policy, 34 (3), 391 - 427.

[279] Monoyios, M. (2008). Utility indifference pricing with market incompleteness. In NonlinearModels in Mathematical Finance: New Research Trends in Option Pricing, edited by M. Ehrhardt, pp. 67 - 100, 2008 (Nova Science Publishers: Hauppage, NY).

[280] Morrow, B. H. (1999). Identifying and mapping community vulnerability. Disasters, 23 (1), 1 - 18.

[281] Nahata, D., Mulchandani, H. K., Bansal, S., & Muthukumar, G. (2019). Post - earthquake assessment of buildings using deep learning. arxiv preprint arxiv: 1907. 07877.

[282] Nascimento, F. F., Gamerman, D., & Lopes, H. F. (2012). A semiparametric Bayesian approach to extreme value estimation. Statistics and Computing, 22, 661 - 675.

[283] Norton, M. T., Turvey, C., & Osgood, D. (2013). Quantifying spatial basis risk for weather index insurance. The Journal of Risk Finance, 14 (1), 20 - 34.

[284] Pai, J., Li, Y., Yang, A., & Li, C. (2022). Earthquake parametric insurance with Bayesian spatial quantile regression. Insurance: Mathematics and Economics, 106, 1 - 12.

[285] Pantelous, A. A. & Passalidou, E., (2016). Optimal quadratic control ofa nonlinear premium - reserve model in a competitive insurancemarket.

Ann. Actuar. Sci., forthcoming.

[286] Peek - Asa, C., Ramirez, M., Seligson, H., & Shoaf, K. J. I. P. (2003). Seismic, structural, and individual factors associated with earthquake related injury. Injury prevention, 9 (1), 62 - 66.

[287] Pelsser, A. (2008). On the applicability of the Wang transform for pricing financial risks. ASTIN Bulletin: The Journal of the IAA, 38 (1), 171 - 181.

[288] Pettit, L. I., & Smith, A. F. M. (1985). Outliers and influential observations in linear models. Bayesian Statistics, 2 (1), 473 - 494.

[289] Pickands, J. (1975). Statistical inference using extreme order statistics. Annals of Statistics, 3, 119 - 131.

[290] Pitt, D. (2006). Regression quantile analysis of claim termination rates for income protection insurance. Ann. Actuar. Sci., 1 (Ⅱ), 345 - 357.

[291] Powell, J. (1984). Least absolute deviation estimation for the censored regression model. Journal of Econometrics, 25, 303 - 325.

[292] Powell, J. (1986). Censored regression quantiles. Journal of Econometrics, 32, 143 - 155.

[293] Raftery, A. E. (1988). Inference for the binomial N parameter: A hierarchical Bayes approach. Biometrika, 75 (2), 223 - 228.

[294] Redner, R. A., & Walker, H. F. (1984). Mixture densities, maximum likelihood and the EM algorithm. SIAM review, 26 (2), 195 - 239.

[295] Reich, B. J., Fuentes, M., & Dunson, D. B. (2011). Bayesian spatial quantile regression. Journal of the American Statistical Association, 106 (493), 6 - 20.

[296] Richardson, S., & Green, P. J. (1997). On Bayesian analysis of mixtures with an unknown number of components (with discussion). Journal of the Royal Statistical Society Series B: Statistical Methodology, 59 (4), 731 - 792.

[297] Roeder, K., & Wasserman, L. (1997). Practical Bayesian density estimation using mixtures of normals. Journal of the American Statistical Association, 92 (439), 894 -902.

[298] Scarrott, C., & MacDonald, A. (2012). A review of extreme value threshold estimation and uncertainty quantification. REVSTAT - Statistical journal, 10 (1), 33 -60.

[299] Schweizer, M. (1995). On the minimal martingale measure and the möllmer - schweizer decomposition. Stochastic analysis and applications, 13 (5), 573 -599.

[3001] Schweizer, M. (1995). Variance - optimal hedging in discrete time. Mathematics of Operations Research, 20 (1), 1 -32.

[301] Sethuraman, J. (1994). A constructive definition of dirichlet priors. Statist. Sinica, 4, 639 -650.

[302] Seydi, S. T., Hasanlou, M., Chanussot, J., & Ghamisi, P. (2023). BDD - Net +: A building damage detection framework based on modified coat - net. IEEE Journal of Selected Topics in Applied Earth Observations and Remote Sensing, 16, 4232 -4247.

[303] Sheremet, O., & Lucas, A. (2009). Global loss diversification in the insurance sector. Insurance: mathematics and economics, 44 (3), 415 -425.

[304] Smith, J. B., Smith, L., & Pettit, G. R. (1985). Bryostatins: potent, new mitogens that mimic phorbol ester tumor promoters. Biochemical and biophysical research communications, 132 (3), 939 -945.

[305] Smith, R. L. (1984). Threshold methods for sample extremes. In Statistical extremes and applications (pp. 621 - 638). Dordrecht: Springer Netherlands.

[306] Smith, R. L. (2003). Statistics of extremes with applications in Environment, Insurance and Finance. University of North Carolina.

[307] Smith, V. H., & Watts, M. (2009). Index based agricultural insurance in developing countries: feasibility, scalability and sustainability. Gates Foundation, pp. 1 -40.

[308] Spiegelhalter, D. J., Best, N. G., Carlin, B. P., & Van Der Linde, A. (2002). Bayesian measures of model complexity and fit. Journal of the royal statistical society: Series b (statistical methodology), 64 (4), 583 - 639.

[309] Spiegelhalter, D., Thomas, A., Best, N., & Lunn, D. (2003). WinBUGS user manual. version 1. 4. MRC Biostatistics Unit, Cambridge, UK.

[310] Tierney, K. (2006). Social inequality: humans and disasters. In: On Risk and Disaster: Lessons from Hurricane Katrina. University of Pennsylvania Press, Philadelphia.

[311] Timmerman P (1981) Vulnerability, resilience and the collapse of society: a review of models and possible climatic applications. Environmental monograph 1. Institute for Environmental Studies, University of Toronto, Toronto.

[312] Titterington, D. M., Smith, A. F., & Makov, U. E. (1985). Statistical analysis of finite mixture distributions. Wiley, New York.

[313] Tsapanos, T. M., Papadopoulos, G. A., & Galanis, O. C. (2003). Time independent seismic hazard analysis of Greece deduced from Bayesian statistics. Natural Hazards and Earth System Sciences, 3 (1/2), 129 - 134.

[314] Turkan, S., & Özel, G. (2014). Modeling destructive earthquake casualties based on a comparative study for Turkey. Natural hazards, 72, 1093 - 1110.

[315] Tzougas, G., & Karlis, D. (2020). An EM algorithm for fitting a new class of mixed exponential regression models with varying dispersion. ASTIN Bulletin: The Journal of the IAA, 50 (2), 555 -583.

[316] Vaugirard, V. E. (2003). Pricing catastrophe bonds by an arbi-

trage approach. The Quarterly Review of Economics and Finance, 43 (1), 119 - 132.

[317] Waiters, M. A., & Morin, F. (2003). Catastrophe Ratemaking Revisited (Use of Computer Models to Estimate Loss Costs). Insurance Mathematics and Economics, 18 (3), 237 - 247.

[318] Wang, S. S. (2004). Cat bond pricing using probability transforms. Geneva Papers: Etudes et Dossiers, 278, 19 - 29.

[319] Wang, Z., Zhao, D., & Wang, J. (2010). Deep structure and seismogenesis of the north - south seismic zone in southwest China. Journal of Geophysical Research: Solid Earth, 115 (B12).

[320] Wills, M., Valdez, E., & Frees, E. (2006). GB2 regression with insurance claim severities. In Conference Paper, UNSW Actuarial Research Symposium 2008, Sydney, New South Wales, Australia.

[321] Wiper, M., Insua, D. R., & Ruggeri, F. (2001). Mixtures of gamma distributions with applications. Journal of computational and graphical statistics, 10 (3), 440 - 454.

[322] World Bank (2008), Caribbean Catastrophe Risk Insurance Facility: A solution to the short - term liquidity needs of small island states in the aftermath of natural disasters. World Bank Press.

[323] Yang, X., Frees, E. W., & Zhang, Z. (2011). A generalized beta copula with applications in modeling multivariate long - tailed data. Insurance: Mathematics and Economics, 49 (2), 265 - 284.

[324] Yang, Y., & He, X. (2015). Quantile regression for spatially correlated data: An empirical likelihood approach. Statistica Sinica, 261 - 274.

[325] Yip, K., & Yau, K. (2005). On modeling claim frequency data in general insurance with extra zeros. Insurance: Mathematics and Economics, 36 (2), 153 - 163.

[326] Young, V. R. (2004). Pricing in an incomplete market with an

affine term structure. Mathematical Finance: An International Journal of Mathematics, Statistics and Financial Economics, 14 (3), 359 -381.

[327] Yu, K., & Jones, M. (1998). Local linear quantile regression. Journal of the American statistical Association, 93 (441), 228 -237.

[328] Yu, K., & Moyeed, R. A. (2001). Bayesian quantile regression. Statistics & Probability Letters, 54 (4), 437 -447.

[329] Zanjani, G. (2002). Pricing and capital allocation in catastrophe insurance. Journal of financial economics, 65 (2), 283 -305.

[330] Zellner, A. (1971). Bayesian and non - Bayesian analysis of the log - normal distribution and log - normal regression. Journal of the American Statistical Association, 66 (334), 327 -330.

[331] Zhang, P., Li, X., & Liu, C. (2023). Impact of spatial scale and building exposure distribution on earthquake insurance rates: A case study in Tangshan, China. International Journal of Disaster Risk Science, 14 (1), 64 -78.

[332] Zhu, H. T., & Lee, S. Y. (2001). Local influence for incomplete data models. Journal of the Royal Statistical Society: Series B (Statistical Methodology), 63 (1), 111 -126.

[333] Zipkin, E. F., Leirness, J. B., Kinlan, B. P., O'Connell, A. F., & Silverman, E. D. (2014). Fitting statistical distributions to sea duck count data: Implications for survey design and abundance estimation. Statistical Methodology, 17, 67 -81.

附　录

6.1　m_0 的 Gibbs 抽样过程

给定初始值($\mu^{(0)},\eta^{(0)},u^{(0)},\sigma^{(0)},\xi^{(0)}$)，则第（s+1）次迭代值的抽取过程如下：

第一步：基于分布 $N(\xi^{(s)},V_{\xi})I(-\sigma^{(s)}/(M-u^{(s)}),\infty)$ 抽取随机数 ξ^*，其中 V_{ξ} 为截尾正态分布的方差，其选择应使得算法收敛，$M=max(x_1,\cdots,x_n)$。则 $\xi^{(s+1)}=\xi^*$ 的接受概率为：

$$\min\left\{1,\frac{\pi_0(\theta^*|x)\Phi((\xi^{(s)}+\sigma^{(s)}/(M-u^{(s)})/\sqrt{V_{\xi}}))}{\pi_0(\tilde{\theta}|x)\Phi((\xi^*+\sigma^{(s)}/(M-u^{(s)})/\sqrt{V_{\xi}}))}\right\}$$

其中，$\theta^*=(\alpha^{(0)},\beta^{(0)},u^{(0)},\sigma^{(0)},\xi^*)$，$\tilde{\theta}=(\alpha^{(s)},\beta^{(s)},u^{(s)},\sigma^{(s)},\xi^{(s)})$。

第二步：若 $\xi^{(s+1)}>0$，则从伽马分布 $Gamma(\sigma^{(s)2}/V_{\sigma},\sigma^{(s)}/V_{\sigma})$ 抽取随机数 σ^*，其中方差 V_{σ} 的选择同样需要使得算法收敛，$\sigma^{(s+1)}=\sigma^*$ 的接受概率为：

$$\min\left\{1,\frac{\pi_0(\theta^*|x)f_G(\sigma^{(s)}|\sigma^{*2}/V_{\sigma},\sigma^*/V_{\sigma})}{\pi_0(\tilde{\theta}|x)f_G(\sigma^*|\sigma^{(s)2}/V_{\sigma},\sigma^{(s)}/V_{\sigma})}\right\}$$

如果 $\xi^{(s+1)}<0$，则从截尾正态分布 $N(\sigma\xi^{(s)},V_{\sigma})I(-\xi^{(s+1)}(M-u^{(s)}),\infty)$ 抽取随机数 σ^*，$\sigma^{(s+1)}=\sigma^*$ 的接受概率为：

$$\min\left\{1,\frac{\pi_0(\theta^*|x)\Phi((\sigma^{(s)}+\xi^{(s+1)}(M-u^{(s)})/\sqrt{V_{\sigma}}))}{\pi_0(\tilde{\theta}|x)\Phi((\sigma^{(*)}+\xi^{(s+1)}(M-u^{(s)})/\sqrt{V_{\sigma}}))}\right\}$$

其中，$\theta^*=(\alpha^{(s)},\beta^{(s)},u^{(s)},\sigma^*,\xi^{(s+1)})$，$\tilde{\theta}=(\alpha^{(s)},\beta^{(s)},u^{(s)},\sigma^{(s)},\xi^{(s+1)})$。

第三步：从截尾正态分布 $N(u^{(s)},V_u)I(a^{(s+1)},\infty)$ 抽取随机数 u^*，其中方差 V_u 的选择应使得算法收敛。如果 $\xi^{(s+1)}\geqslant 0$，则 $a^{(s+1)}=\min(x_1,\cdots,x_n)$；如果 $\xi^{(s+1)}<0$，则 $a^{(s+1)}=M+\sigma^{(s+1)}/\xi^{(s+1)}$。$u^{(s+1)}=u^*$ 的接受概率为：

$$\min\left\{1,\frac{\pi_0(\theta^*|x)\Phi((u^{(s)}-a^{(s+1)})/\sqrt{V_u})}{\pi_0(\tilde{\theta}|x)\Phi((u^*-a^{(s+1)})/\sqrt{V_u})}\right\}$$

其中，$\theta^*=(\alpha^{(s)},\beta^{(s)},u^*,\sigma^{(s+1)},\xi^{(s+1)})$，$\tilde{\theta}=(\alpha^{(s)},\beta^{(s)},u^{(s)},\sigma^{(s+1)},\xi^{(s+1)})$。

第四步：抽取(α,β)，先从条件伽马分布 $\beta^*|\beta^{(s)}\sim\text{Gamma}(\beta^{(s)2}/V_\beta,\beta^{(s)}/V_\beta)$ 抽取随机数 β^*，从条件伽马分布 $\alpha^*|\alpha^{(s)}\sim\text{Gamma}(\alpha^{(s)2}/V_\alpha,\alpha^{(s)}/V_\alpha)$抽取随机数 α^*，其中 V_α 和 V_β 的选取应使得算法收敛。$\beta^{(s+1)}=\beta^*$，$\alpha^{(s+1)}=\alpha^*$ 的接受概率如下：

$$\min\left\{1,\frac{\pi_0(\theta^*|x)f_G(\alpha^{(s)}|\alpha^{*2}/V_\alpha,\alpha^*/V_\alpha)}{\pi_0(\tilde{\theta}|x)f_G(\alpha^*|\alpha^{(s)2}/V_\alpha,\alpha^{(s)}/V_\alpha)}\times\frac{f_G(\beta^{(s)}|\beta^{*2}/V_\beta,\beta^*/V_\beta)}{f_G(\beta^*|\beta^{(s)2}/V_\beta,\beta^{(s)}/V_\beta)}\right\}$$

其中，$\theta^*=(\alpha^*,\beta^*,u^{(s+1)},\sigma^{(s+1)},\xi^{(s+1)})$，$\tilde{\theta}=(\alpha^{(s)},\beta^{(s)},u^{(s+1)},\sigma^{(s+1)},\xi^{(s+1)})$。

6.2 模型 m_1 的 Gibbs 抽样过程

第一步、第二步、第三步抽取 ξ,σ 以及 u 的随机数方法与附录 6.1 相同，只需要将其中的 $\pi_0(\theta|x)$用 $\pi_1(\theta|x)$替代，且 $\theta=(\xi,\sigma,u,\alpha,\beta,p)$为包括 m_1 中所有参数的参数向量。其他参数的抽样过程如下：

第四步：抽取$(\beta_j,\alpha_j)$$(j=1,2)$的随机数，其中，$\beta_j^*$ 从如下条件伽马分布产生：

$\beta_j^*|\beta_j^{(s)}\sim\text{Gamma}(\beta_j^{(s)2}/V_{\beta_j},\beta_j^{(s)}/V_{\beta_j})$，$\alpha_j^*$ 从如下条件分布产生

$\alpha_j^*|\alpha_j^{(s)}\sim\text{Gamma}(\alpha_j^{(s)2}/V_{\alpha_j},\alpha_j^{(s)}/V_{\alpha_j})I(\alpha_1^{(s+1)}<\cdots<\alpha_{j-1}^{(s+1)}<\alpha_j^{(s)}<\cdots<\alpha_{j-1}^{(s)})$

其中，V_{β_j}以及 V_{α_j}的选取应使算法收敛。$\beta_j^{(s+1)}=\beta_j^*$ 以及 $\alpha_j^{(s+1)}=\alpha_j^*$ 的接受概率为：

$$\min\left\{1,\frac{\pi_1(\theta^*|x)f_G(\alpha_j^{(s)}|\alpha_j^{*2}/V_\alpha,\alpha_j^*/V_\alpha)}{\pi_1(\tilde{\theta}|x)f_G(\alpha_j^*|\alpha_j^{(s)2}/V_\alpha,\alpha_j^{(s)}/V_\alpha)}\times\frac{\begin{array}{c}f_G(\beta_j^{(s)}|\beta_j^{*2}/V_\beta,\beta_j^*/V_\beta)\\ I(\alpha_1^{(s+1)}<\cdots<\alpha_j^*<\cdots<\alpha_k^{(s)})\end{array}}{\begin{array}{c}f_G(\beta_j^*|\beta_j^{(s)2}/V_\beta,\beta_j^{(s)}/V_\beta)\\ I(\alpha_1^{(s+1)}<\cdots<\alpha_j^{(s)}<\cdots<\alpha_k^{(s)})\end{array}}\right\}$$

其中，$\theta^*=(\alpha_{<j}^{(s+1)},\alpha_j^*,\alpha_{>j}^{(s)},\beta_{<j}^{(s+1)},\beta_j^*,\alpha_{>j}^{(s)},p^{(s)},u^{(s+1)},\sigma^{(s+1)},\xi^{(s+1)})$，$\tilde{\theta}=(\alpha_{<j}^{(s+1)},\alpha_{\geqslant j}^{(s)},\beta_{<j}^{(s+1)},\alpha_{\geqslant j}^{(s)},p^{(s)},u^{(s+1)},\sigma^{(s+1)},\xi^{(s+1)})$。

第五步：从 Dirichlet 分布$D_k(V_p p_1^{(s)},\cdots,V_p p_k^{(s)})$抽取随机数 p^*，$p^{(s+1)}=p^*$的接受概率为：

$$\min\left\{1,\frac{\pi_1(\theta^*|x)f_D(p^{(s)}|p^*)}{\pi_1(\tilde{\theta}|x)f_D(p^*|p^{(s)})}\right\}$$

其中，$\theta^*=(\alpha^{(s+1)},\beta^{(s+1)},p^*,u^{(s+1)},\sigma^{(s+1)},\xi^{(s+1)})$

$\tilde{\theta}=(\alpha^{(s+1)},\beta^{(s+1)},p^{(s)},u^{(s+1)},\sigma^{(s+1)},\xi^{(s+1)})$。

6.3 模型 m_2 的 Gibbs 抽样过程

第一步、第二步以及第三步抽取同样与附录 6.1 相同，其中，将$\pi_0(\theta|x)$改为$\pi_2(\theta|x)$，且$\theta=(\mu,\sigma_1^2,u,\sigma,\xi)$为模型 m_2 的参数向量，抽取ξ,σ,u之后可以进一步抽取(μ,σ_1^2)，具体步骤如下：

第四步：从条件伽玛分布$\mu_1^*|\mu^{(s)}\sim\text{Gamma}(\mu^{(s)2}/V_\mu,\mu^{(s)}/V_\mu)$ 抽取随机数μ_1^*，其中，方差 V_μ 的选取应使得算法收敛，$\mu_1^{(s+1)}=\mu_1^*$的接受概率为：

$$\min\left\{1,\frac{\pi_3(\theta^*|x)f_G(\mu^{(s)}|\mu^{*2}/V_\mu,\mu^*/V_\mu)}{\pi_3(\tilde{\theta}|x)f_G(\mu^*|\mu^{(s)2}/V_\mu,\mu^{(s)}/V_\mu)}\right\}$$

其中，$\theta^*=(\mu^*,\sigma_l^{2(s)},u^{(s+1)},\sigma^{(s+1)},\xi^{(s+1)})$，

$\tilde{\theta}=(\mu^{(s)},\sigma_l^{2(s)},u^{(s+1)},\sigma^{(s+1)},\xi^{(s+1)})$。

第五步：从条件分布$\sigma_l^{2*}|\sigma_l^{2(s)}\sim\text{Gamma}(\sigma_l^{2(s)2}/V_{\sigma_l^2},\sigma_l^{2(s)}/V_{\sigma_l^2})$抽取随机数$\sigma_l^{2*}$，其中 $V_{\sigma_l^2}$的选择应使算法收敛。$\mu^{(s+1)}=\mu^*$以及$\sigma_l^{2(s+1)}=\sigma_l^{2*}$的接受概率为：

$$\min\left\{1,\frac{\pi_3(\theta^*|x)f_G(\sigma_l^{2(s)}|\sigma_l^{2*2}/V_{\sigma_l^2},\sigma_l^{2*}/V_{\sigma_l^2})}{\pi_3(\tilde{\theta}|x)f_G(\sigma_l^{2*}|\sigma_l^{2(s)2}/V_{\sigma_l^2},\sigma_l^{2(s)}/V_{\sigma_l^2})}\right\}$$

其中，$\theta^*=(\mu^{(s+1)},\sigma_l^{2*},u^{(s+1)},\sigma^{(s+1)},\xi^{(s+1)})$，

$\tilde{\theta}=(\mu^{(s+1)},\sigma_l^{2(s)},u^{(s+1)},\sigma^{(s+1)},\xi^{(s+1)})$。

6.4　模型 m_3 的 Gibbs 抽样过程

第一步、第二步、第三步抽取 GPD 参数的过程与附录 6.1 相同，其中将 $\pi_0(\theta|x)$ 改为 $\pi_3(\theta|x)$，且 $\theta=(\eta,\lambda,u,\sigma,\xi)$ 为模型 m_3 的参数向量。在得到参数 ξ,σ 以及 u 的随机数后，(η,λ) 的抽样过程如下：

第四步：从条件分布 $\eta^*|\eta^{(s)}\sim Gamma(\eta^{(s)2}/V_\eta,\eta^{(s)}/V_\eta)$ 抽取随机数 η^*，其中 V_η 的选择应使得算法收敛，$\eta^{(s+1)}=\eta^*$ 的接受概率为：

$$\min\left\{1,\frac{\pi_3(\theta^*|x)f_G(\eta^{(s)}|\eta^{*2}/V_\eta,\eta^*/V_\eta)}{\pi_3(\tilde{\theta}|x)f_G(\eta^*|\eta^{(s)2}/V_\eta,\eta^{(s)}/V_\eta)}\right\}$$

其中，$\theta^*=(\eta^*,\lambda^{(s)},u^{(s+1)},\sigma^{(s+1)},\xi^{(s+1)})$，$\tilde{\theta}=(\eta^{(s)},\lambda^{(s)},u^{(s+1)},\sigma^{(s+1)},\xi^{(s+1)})$。

第五步：从条件分布 $\lambda^*|\lambda^{(s)}\sim Gamma(\lambda^{(s)2}/V_\lambda,\lambda^{(s)}/V_\lambda)$ 抽取随机数 λ^*，其中 V_λ 的选择应使算法收敛，$\eta^{(s+1)}=\eta^*$ 和 $\lambda^{(s+1)}=\lambda^*$ 的接受概率为：

$$\min\left\{1,\frac{\pi_3(\theta^*|x)f_G(\lambda^{(s)}|\lambda^{*2}/V_\lambda,\lambda^*/V_\lambda)}{\pi_3(\tilde{\theta}|x)f_G(\lambda^*|\lambda^{(s)2}/V_\lambda,\lambda^{(s)}/V_\lambda)}\right\}$$

其中，$\theta^*=(\eta^{(s+1)},\lambda^*,u^{(s+1)},\sigma^{(s+1)},\xi^{(s+1)})$，

$\tilde{\theta}=(\eta^{(s+1)},\lambda^{(s)},u^{(s+1)},\sigma^{(s+1)},\xi^{(s+1)})$。

附录表 9-1　　1992—2014 年云南省地震灾害损失表

时间 年/月/日	地点	震级 （Ms）	损失次数	经济总损失 （万元）	云南省 GDP （亿元）	GDP 调整经济损失 （亿元）
1992/4/23	孟连西，中、缅交界	6.7 6.9	2	4625	61869.00	0.10
1992/12/18 1992/12/22	永胜	5.4 5.1		1292		0.03
1993/1/27	普洱	6.3 5.0	7	6930	783.27	11.34
1993/2/1	大姚	5.3		1150		1.88
1993/5/30	景谷	4.9		1192		1.95
1993/6/3		5.0				
1993/6/4	临沧	5.0				
1993/7/17	中甸	5.6		2080		3.40
1993/8/14	姚安	5.6		3055		5.00
1994/1/11	盈江-腾冲西中缅交界	6.7	2	2600	983.78	3.39
1994/9/19	景谷	5.2		1520		1.98
1995/2/18	沧源-澜沧	5.1	9	731	1222.15	0.77
1995/4/25	金平	5.6		1100		1.15
1995/10/24	孟连西，中、缅交界	5.5		20529		21.53
1995/7/10		6.2				
1995/7/12		7.3				
1995/10/24	武定	6.5		74383		77.99
1995/10/25		5.1				
1995/10/25		5.0				
1995/11/1		5.1				
1996/2/3	丽江	7.0	4	304924	1517.69	257.46
1996/2/5		6.0		2182		1.84
1996/7/2		5.2		3080		2.60
1996/9/25		5.7		1560		1.32

续表

时间 年/月/日	地点	震级 (Ms)	损失次数	经济总损失 (万元)	云南省 GDP (亿元)	GDP 调整经济损失 (亿元)
1997/1/25	勐腊－景洪	5.1	2	5304	1676.17	4.05
1997/1/30	景洪－江城	5.5		2675		2.05
1998/10/2	宁蒗	5.3	4	9468	1831.33	6.63
1998/10/27		5.2				
1998/11/19		5.0		44114		30.87
1998/12/1		6.2				
	宣威	5.1		10490		7.34
1999/11/25	澄江	5.2	1	7557	1899.82	5.10
2000/1/15	姚安	5.9	4	101621	2011.19	64.75
		6.5				
2000/1/27	丘北－弥勒	5.5		9924		6.32
2000/8/21	武定	5.1		7756		4.94
2000/10/6	陇川西中缅边境	5.8		5060		3.22
2001/3/12	澜沧	5.0	9	5575	2138.31	3.34
2001/4/10	施甸	5.2		50490		30.26
2001/4/12		5.9				
2001/5/24	宁蒗－盐源	5.8		5860		3.51
2001/6/8	施甸	5.3		3660		2.19
2001/7/10	楚雄	5.3		1930		1.16
2001/7/15	江川	5.1		3770		2.26
2001/9/4	景谷	5.0		3760		2.25
2001/10/27	永胜、宾川	6.0		41050		24.60
2003/7/21	大姚	6.2	4	59190	2556.02	29.67
2003/10/16		6.1		41560		20.84
2003/11/15	鲁甸	5.1		19190		9.62
2003/11/26		5.0		9300		4.66
2004/8/10		5.6	3	31990	3081.91	13.30
2004/10/19	保山、隆阳	5.0		21720		9.03
2004/12/26	双柏	5.0		4070		1.69

续表

时间 年/月/日	地点	震级（Ms）	损失次数	经济总损失（万元）	云南省 GDP（亿元）	GDP 调整经济损失（亿元）
2005/1/26	思茅	5.0	3	5280	3462.73	1.95
2005/8/5	会泽、会东	5.3		10440		3.86
2005/8/13	文山	5.3		9220		3.41
2006/1/12	墨江	5.0	4	11060	3988.14	3.55
2006/7/22	盐津	5.0		23900		7.68
2006/8/25		5.1		20270		6.51
2006/8/29		4.7				
2007/6/3	宁洱	6.4	3	189860	4772.52	50.98
2007/6/23	中缅边界	5.8		4960		1.33
2007/6/23	勐海西	5.6				
2008/3/21	盈江	5.0	7	6480	5692.12	1.46
2008/5/12	四川汶川 云南灾区	8.0		168310		37.89
2008/8/20	盈江	5.0		130800		29.45
2008/8/21		4.9				
2008/8/21		5.9				
2008/8/30	四川仁和—会理云南灾区	6.1		117870		26.54
2008/12/26	瑞丽	4.9		17960		4.04
2009/7/9	姚安	6.0	2	215210	6169.75	44.70
2009/11/2	宾川	5.0		24530		5.09
2010/2/25	禄丰—元谋	5.1	1	35420	7224.18	6.28
2011/3/10	云南盈江	5.8	4	238480	8893.12	34.36
2011/3/24	云南缅甸	7.2		33760		4.86
2011/6/20	云南腾冲	5.2		27840		4.01
2011/8/9		5.2		42830		6.17
2012/6/24	云南宁蒗	5.7	3	50730	10309.47	6.31
2012/9/7	云南彝良	5.7		430390		53.50
2012/9/7		5.6				

续表

<table>
<tr><th>时间
年/月/日</th><th>地点</th><th>震级
(Ms)</th><th>损失次数</th><th>经济总损失
（万元）</th><th>云南省 GDP
（亿元）</th><th>GDP 调整经济损失
（亿元）</th></tr>
<tr><td>2013/3/3</td><td>云南洱源</td><td>5.5</td><td rowspan="4">4</td><td>70800</td><td rowspan="4">11720.91</td><td>7.74</td></tr>
<tr><td>2013/4/17</td><td>云南洱源-漾濞</td><td>5.0</td><td>20878</td><td>2.28</td></tr>
<tr><td>2013/8/28</td><td>云南香格里拉、德钦-四川得荣交界</td><td>5.1</td><td rowspan="2">145500</td><td rowspan="2">15.91</td></tr>
<tr><td>2013/8/31</td><td>云南香格里拉、德钦-四川得荣交界</td><td>5.9</td></tr>
<tr><td>2014/4/5</td><td>云南永善</td><td>5.3</td><td rowspan="8">7</td><td>44510</td><td rowspan="8">12814.59</td><td>4.45</td></tr>
<tr><td>2014/5/24</td><td rowspan="2">云南盈江</td><td>5.6</td><td rowspan="2">180060</td><td rowspan="2">18.01</td></tr>
<tr><td>2014/5/30</td><td>6.1</td></tr>
<tr><td>2014/8/3</td><td>云南鲁甸</td><td>6.5</td><td>2357810</td><td>235.78</td></tr>
<tr><td>2014/8/17</td><td>云南永善</td><td>5.0</td><td>30250</td><td>3.03</td></tr>
<tr><td>2014/10/7</td><td rowspan="3">景谷</td><td>6.6</td><td>511020</td><td>51.10</td></tr>
<tr><td rowspan="2">2014/12/6</td><td>5.8</td><td rowspan="2">237660</td><td rowspan="2">23.77</td></tr>
<tr><td>5.9</td></tr>
</table>